高等职业教育新形态精品教材

女装结构与样板设计

主　编　管伟丽　王兆红
副主编　孙金平　智绪燕　张善阳
参　编　吴玉娥　刘云云　申文卿　唐　磊

北京理工大学出版社
BEIJING INSTITUTE OF TECHNOLOGY PRESS

内 容 提 要

本书力求适应服装制版师的岗位需要，对接制版师职业技能等级标准，以真实企业项目的工作过程为设计主线，按照项目任务式的新型工作手册式体例编写。本书共设计三个模块，模块一包括人体测量与号型规格、服装制版基础知识两个项目；模块二包括衣身、袖、领3个部件解构项目；模块三设计以衬衫、西装、连衣裙、休闲装等为载体的4个服装案例应用项目。书中内容与线上课程同步，并配套开发以2D动画解构、CAD数字制版、3D虚拟试衣等动态资源为主的多样化教学资源，具有鲜明的时代性、实践性、创新性。

为适应高职服装专业教学的需要，本书力求在内容上更加贴近企业实际，既可以作为中高职、职业本科院校的服装专业教材，也可供服装企业技术人员参考。

版权专有　侵权必究

图书在版编目（CIP）数据

女装结构与样板设计 / 管伟丽，王兆红主编. -- 北京：北京理工大学出版社，2024.4（2024.9重印）
ISBN 978-7-5763-3945-1

Ⅰ.①女… Ⅱ.①管…②王… Ⅲ.①女服—服装结构—结构设计②女服—纸样设计 Ⅳ.①TS941.717

中国国家版本馆CIP数据核字（2024）第090981号

责任编辑：王梦春	文案编辑：芈　岚
责任校对：刘亚男	责任印制：王美丽

出版发行 / 北京理工大学出版社有限责任公司
社　　址 / 北京市丰台区四合庄路6号
邮　　编 / 100070
电　　话 / (010) 68914026（教材售后服务热线）
　　　　　 (010) 63726648（课件资源服务热线）
网　　址 / http://www.bitpress.com.cn
版 印 次 / 2024年9月第1版第2次印刷
印　　刷 / 河北鑫彩博图印刷有限公司
开　　本 / 889 mm×1194 mm　1/16
印　　张 / 14
字　　数 / 378千字
定　　价 / 48.00元

图书出现印装质量问题，请拨打售后服务热线，负责调换

FOREWORD
前言

党的二十大报告指出"要深入实施人才强国战略，努力培养造就大国工匠、高技能人才"，提出"推进产教融合、科教融汇，推进教育数字化"的职业教育要求。

根据中国纺织工业联合会发布的《纺织行业"十四五"发展纲要》及《科技、时尚、绿色发展指导意见》，"十四五"时期，我国纺织行业将实现以创意设计为核心、科技创新为支撑、优秀文化为引领、品牌建设为抓手、可持续发展为导向的创意高密集、资源高融合、产品高附加值发展。中国服装产业将在服装制造强国基础上，开启建设时尚强国的新征程。

顺应时代需求，本书立足"技能创美、时尚强国"的编写初心，以立德树人为根本任务，适应"数字化、智能化、定制化"行业新业态，对接服装制版师"女装版型设计、数字版型开发"能力需求，以"品德塑造、技能提升"为双擎引领，设计"启智润心 职业认知篇、鞭辟入里 部件解构篇、融会贯通 案例提高篇"三个模块。模块一为职业认知通识2个项目，模块二包括衣身、领、袖3个部件解构项目，模块三设计以衬衫、西装、连衣裙、休闲装等为载体的4个服装案例应用项目，共26个任务。

本书的创新之处主要包括以下几点：

1. 对接企业生产构建项目，岗课赛证一体，突出"适用性、先进性"特色

对接服装制版师岗位数字制版新需要，融合制版师职业技能等级标准，融入数字新技术、智造新工艺、行业新标准，对接企业生产构建项目。模块二的部件解构项目，剖析结构原理，注重夯实基础；模块三案例应用项目，选取经典案例、企业订单、技能大赛项目，强化技能实战。设置任务导入、任务思考、知识储备、任务实施、技能拓展、任务评价、前沿技术及巩固训练环节，突出适用性、先进性特色。

2. 与线上课程同步开发，构建立体化学习系统，突出"数字化、专业性"特色

遵循服装制版"识款—解构—制版—验版"的认知规律，开发"2D动画解构—CAD数字制版—3D虚拟试衣"的一体化动态数字资源，解决了传统教学图文混杂、脉络不清、立体效果难呈现的教学难题，促进教育数字化转型。2D动画提升了学习趣味性；CAD数字制版，清晰分解制图步骤，有助于提升数字制版能力；3D 虚拟试衣，实现平面样板到三维成衣的立体转化。另外，本书还配套开发了样板实操演示视频，新产品解析视频等动态资源详见课程网址：https://www.xueyinonline.com/detail/240806468。

3. 继承与创新并重，五育并举贯穿全程，突出"生动性、浸润性"特色

德技并修，以德为先，本书设置"晓理近思"模块，通过服饰文化、工匠故事、产业现状、社会事件等学生喜闻乐见的形式，引导学生思考，浸润品德塑造。突出"技术与艺术融合"的课程特色，将文化铸魂、技育固本、美育浸润、劳育淬炼、数智融通的"五育并举"贯穿线上、线下教学全过程，实现三全育人全覆盖。

本书由从事服装专业教学的一线教师和行业专家组成的团队共同编写，编写分工：项目一、项目三的任务一和任务二、项目七、项目八、项目九由山东科技职业学院管伟丽编写；项目二由山东科技职业学院智绪燕编写；项目三的任务三由山东科技职业学院孙金平编写；项目四由山东科技职业学院王兆红编写；项目五的任务一、任务二由山东科技职业学院申文卿编写，任务三、任务四由江西工业职业技术学院唐磊编写；项目六的任务一由山东科技职业学院吴玉娥编写，任务二由山东科技职业学院刘云云编写；尚德服饰有限公司张善阳参与企业案例的编写，并提供大量企业生产工艺单。本书由管伟丽负责统稿，烟台南山学院左洪芬教授审定。

由于编写时间仓促，编者水平有限，书中难免存在疏漏和不足之处，欢迎广大读者批评指正。

编　者

RESOURCE DETAILS
资源明细

项目	资源类型	数字资源名称	页码
项目一	视频	怎样成为一名优秀的制版师——听十佳制版师跟你说	003
	文本	人人皆可成才——记一名高职学子的奋斗之路	003
	文本	服装制版师的岗位职责	003
	文本	国家职业技能标准《服装制版师》	003
	微课	人体的测量	006
	微课	服装规格设计	006
	PPT	人体测量与成衣规格设计	006
项目二	微课	服装制版常用工具介绍	021
	PPT	服装制版常用工具介绍	021
	文本	服装生产工艺单	026
项目三	文本	从依赖他国到自主研发的中国原型	031
	文本	二维平面到三维立体旗袍转变的关键结构"省道"	031
	PPT	认识女上装的各种省道	031
	微课	女上装衣身原型的结构设计与制图（上）	034
	微课	女上装衣身原型的结构设计与制图（下）	034
	PPT	女上装原型的结构制图（上）	035
	PPT	女上装原型的结构制图（下）	035
	微课	女上装原型CAD实操	037
	视频	肩省式虚拟成衣	040
	视频	领省式虚拟成衣	040
	视频	胸省转移方法1——旋转法	042
	视频	胸省转移方法2——剪开法	042
	微课	魔法般有趣的女上装省道转移——基础款省转移	043
	PPT	衣身省道转移——全省与部分省转移	043
	微课	魔法般有趣的女上装省道转移——不对称省转移	049
	PPT	衣身省道转移——省的变形与省移	049
	微课	魔法般有趣的女上装省道转移——双省道的应用	050
	微课	魔法般有趣的女上装省道转移——双省道及褶的应用	050
	PPT	衣身省道转移——褶与省转移	050
项目四	文本	一片直袖的发展	056
	文本	衣袖的文化内涵分析及现代设计应用	056
	文本	丰富多彩的袖子造型	056
	文本	泡泡袖在现代服装中的设计应用及结构分析	056
	微课	一片直袖与合体一片弯袖的结构设计	058
	PPT	一片直袖与一片弯袖的结构制图	058
	动画	衬衫袖袖口省转化	061
	微课	一片袖的款式变化——泡泡袖的结构设计	067
	PPT	一片袖的款式变化——泡泡袖的结构设计	067
	PPT	褶裥与分割线在一片袖中的应用	070
	微课	分割线与褶皱在一片袖中的应用	070

续表

项目	资源类型	数字资源名称	页码
项目五	文本	象天法地观念的服饰呈现——方心曲领	075
	文本	清汉女装卓尔多姿的云肩	075
	文本	丰富多彩的领型	075
	文本	各种男式衬衫领领型	075
	动画	认识衬衫领	076
	动画	分体翻折领结构设计原理	077
	微课	分体翻折领的结构设计（上）	078
	微课	分体翻折领的结构设计（下）	078
	PPT	分体翻折领的结构原理	078
	PPT	两种分体翻折领的结构制图	079
	PPT	连体翻折领的结构设计	079
	动画	立领的分类	081
	微课	三种基本形态立领的结构设计	083
	PPT	三种基本形态立领的结构设计	083
	微课	变化款立领的结构设计案例	085
	PPT	变化款立领的结构设计案例	085
	动画	认识帽领	087
	微课	基本型帽领的结构设计	089
	PPT	基本型帽领的结构设计	089
	微课	变化款帽领的结构设计案例	090
	PPT	变化款型帽领的结构设计案例	090
	动画	认识平领	094
	动画	领子的结构变化规律	095
	微课	平领的结构设计原理	096
	微课	两种平领的结构设计	096
	PPT	平领结构设计	096
	微课	两种垂褶领的结构设计	097
	微课	飘带领和波浪领的结构设计	097
	PPT	花式领结构设计	097
项目六	文本	中国古代丝织业的奇迹——素纱单衣的出土及复原	103
	文本	用服装给中国青少年绘像——记建党100周年庆祝大会活动服装的诞生过程	103
	视频	衬衫生产中的新技术——智能绱袖衩工艺	103
	视频	颠覆现代服装企业作业方式的服装模板技术	103
	文本	国家标准《衬衫》（GB/T 2660—2017）	103
	动画	领口斜襟合体衬衫的三维效果	104
	动画	前胸装饰褶合体衬衫的三维效果	104
	动画	女衬衫款式介绍	105
	微课	服装毛样板的概念及分类	107
	微课	合体型腋下省女衬衫案例——后片结构制版	110
	微课	合体型腋下省女衬衫案例——前片结构制版	110
	微课	合体型腋下省女衬衫案例——领、袖结构制版	110
	PPT	合体型腋下省女衬衫案例——后片结构制版	110
	PPT	合体型腋下省女衬衫案例——前片结构制版	110
	PPT	合体型腋下省女衬衫案例——领、袖结构制版	110
	动画	合体型腋下省女衬衫的三维效果	110
	动画	衬衫领的三维效果	115

续表

项目	资源类型	数字资源名称	页码
项目六	微课	合体型腋下省女衬衫毛样板的制作	117
	PPT	合体型腋下省女衬衫案例——毛样板的制作	117
	微课	合体型腋下省女衬衫CAD实操——衣身制版	119
	微课	合体型腋下省女衬衫CAD实操——领、袖制版	119
	微课	合体型腋下省女衬衫CAD实操——裁剪样板的制作	119
	文本	国家职业技能标准服装制版师操作技能（四级）评分标准	122
项目七	微课	衬衫的变款设计	124
	动画	宽松型女衬衫的三维效果	125
	微课	宽松型女衬衫案例——衣身结构制版	125
	微课	宽松型女衬衫案例——领、袖结构制版	126
	PPT	宽松型女衬衫案例——衣身结构制版	126
	PPT	宽松型女衬衫案例——领、袖结构制版	126
	视频	女西装的发展历史与文化	133
	文本	中国第一套国产西装与非物质文化遗产"红帮裁缝"的故事	133
	文本	北京冬奥会服装里的纺织新科技	133
	文本	一种两片式翻驳领的分领方法	133
	文本	国家标准《女西服、大衣》（GB/T 2665—2017）	133
	微课	刀背缝女西装的款式结构分析	138
	微课	刀背缝女西装的后片结构设计	138
	微课	刀背缝女西装的前片结构设计	138
	微课	一片式翻驳领结构设计	138
	微课	女西装两片袖结构设计（基础型）	140
	PPT	四开身刀背缝女西装案例——两片袖的结构制版	140
	PPT	四开身刀背缝女西装案例——后片的结构制版	140
	PPT	四开身刀背缝女西装案例——前片的结构制版	140
	微课	女西装裁剪样板（面样板）的制作	146
	微课	女西装裁剪样板（里、衬样板）的制作	146
	PPT	四开身刀背缝女西装案例——裁剪样板（面层）的制作	146
	PPT	四开身刀背缝女西装案例——裁剪样板（里、衬样板）的制作	146
	文本	国家职业技能标准服装制版师操作技能（二级）评分标准	151
	微课	分体式翻驳领结构设计	151
	PPT	四开身刀背缝女西装案例——分体式翻驳领的结构制版	151
	微课	四开身立领泡泡袖女时装（后片）结构设计	155
	微课	四开身立领泡泡袖女时装（前片）结构设计	155
	PPT	立领泡泡袖女时装案例——后片结构制版	155
	PPT	立领泡泡袖女时装案例——前片结构制版	155
	微课	四开身立领泡泡袖女时装（领、袖）结构设计	157
	PPT	立领泡泡袖女时装案例——领、袖结构制版	157
项目八	文本	探寻现代服装与深衣精神的融合创新	162
	视频	国粹旗袍的发展史	162
	文本	旗袍工匠大师——褚宏生	162
	视频	旗袍结构与工艺的发展演变	162
	文本	国家标准《旗袍》（GB/T 22703—2019）	162
	动画	三维虚拟旗袍款式1	164
	动画	三维虚拟旗袍款式2	164
	微课	旗袍特色传统工艺	166

续表

项目	资源类型	数字资源名称	页码
项目八	微课	破肩收省型现代旗袍案例——后片的结构设计	167
	微课	破肩收省型现代旗袍案例——前片的结构设计	167
	PPT	破肩收省的现代旗袍案例——后片结构制版	167
	PPT	破肩收省的现代旗袍案例——前片结构制版	167
	动画	破肩收省旗袍三维效果图	168
	微课	破肩收省型现代旗袍案例——领、袖结构设计	168
	PPT	破肩收省的现代旗袍案例——领、袖结构制版	168
	微课	旗袍CAD实操——后片制版	172
	微课	旗袍CAD实操——前片制版	172
	微课	旗袍CAD实操——领、袖制版	172
	微课	旗袍CAD实操——裁剪样板的制作	172
	微课	三维虚拟旗袍缝合试衣	173
	微课	三维虚拟旗袍效果展示	173
	文本	国家职业技能标准服装制版师操作技能（三级）评分标准	174
	微课	鱼尾礼服裙案例——上半身的结构制版	179
	微课	鱼尾礼服裙案例——下裙的结构制版	179
	PPT	鱼尾礼服裙案例——上衣片的结构制版	179
	PPT	鱼尾礼服裙案例——下部鱼尾裙的结构制版	179
	微课	鱼尾裙版型结构原理	182
项目九	文本	从"一剪子插肩式饭衣"谈中国劳动人民的节俭智慧	189
	视频	校服的历史、传承与发展	189
	文本	国家标准《中小学生校服》(GB/T 31888—2015)	189
	微课	风衣的款式认知与结构设计要点分析	191
	微课	百变袖型插肩袖的结构原理	192
	PPT	百变袖型插肩袖的结构原理	192
	微课	育克插肩短风衣案例——后片及过肩袖的结构制版	193
	微课	育克插肩短风衣案例——前片的结构制版	193
	微课	育克插肩短风衣案例——拿破仑领的结构制版	193
	PPT	合体型育克插肩短风衣案例——后片及过肩袖的结构制版	193
	PPT	合体型育克插肩短风衣案例——前片及插肩袖的结构制版	193
	PPT	合体型育克插肩短风衣案例——拿破仑领的结构制版	193
	文本	企业校服工艺单	199
	微课	插肩袖校服订单案例——后片的结构制版	203
	微课	插肩袖校服订单案例——前片、领、零部件的结构制版	203
	PPT	插肩袖校服订单案例——后片的结构制版	205
	PPT	插肩袖校服订单案例——前片、领、零部件的结构制版	205
	微课	插肩袖校服CAD实操——前后片衣身的制版	207
	微课	插肩袖校服CAD实操——小部件的制版	207
	微课	插肩袖校服CAD实操——毛样板制作	207
	微课	多功能双面校服设计与工艺解析	208

CONTENTS 目 录

模块一
启智润心　职业认知篇

01 项目一
人体测量与号型规格

- 任务一　人体体型特征 \\ 004
- 任务二　人体测量 \\ 006
- 任务三　特殊体型的特征与测量 \\ 009
- 任务四　号型系列与控制部位 \\ 011

02 项目二
服装制版基础知识

- 任务一　制版术语与基本流程 \\ 018
- 任务二　服装结构制图方法 \\ 019
- 任务三　服装制图要求与样板规范 \\ 021
- 任务四　服装生产工艺单 \\ 026

模块二
鞭辟入里　部件解构篇

03 项目三
趣味转省　衣身结构设计

任务一　女上装原型的制图 \\ 032
- 任务导入 \\ 032
- 知识储备 \\ 032
- 任务实施 \\ 034
  - 一、女上装原型的制图 \\ 034
  - 二、女上装原型的检验 \\ 037
- 技能拓展 \\ 037
  - 一、有肩省女衬衫的原型制图 \\ 037
  - 二、无肩省八片女西装的原型制图 \\ 038
- 任务评价 \\ 039
- 巩固训练 \\ 039

任务二　基础款省道转移 \\ 040
- 任务导入 \\ 040
- 知识储备 \\ 040
- 任务实施 \\ 043
  - 一、前衣身基础款省道转移 \\ 043
  - 二、后衣身基础款省道转移 \\ 044
- 技能拓展 \\ 045
- 任务评价 \\ 046
- 巩固训练 \\ 046

任务三　变化型省道转移 \\ 047
- 任务导入 \\ 047
- 知识储备 \\ 047
- 任务实施 \\ 049

一、不对称造型的省道转移 \\049
　　二、双省道的省道转移 \\050
　　三、省道与褶的结合应用造型的省道
　　　　转移 \\050
技能拓展 \\052
　　一、不对称斜袖窿省道形式及鱼钩省
　　　　造型 \\052
　　二、多省道形式——前门襟直线省
　　　　转移 \\052
　　三、多省道形式——前中多省道
　　　　转移 \\052
　　四、用成衣思维思考结构合理性 \\053
任务评价 \\054
巩固训练 \\054

04 项目四
百变袖型　一片袖的结构设计

任务一　基本款一片袖的结构设计 \\057
任务导入 \\057
知识储备 \\057
任务实施 \\058
　　一、一片直袖的结构制图 \\058
　　二、一片弯袖的结构制图 \\060
技能拓展 \\061
任务评价 \\064
巩固训练 \\064

任务二　一片袖的结构变化应用 \\065
任务导入 \\065
知识储备 \\066
任务实施 \\067
　　一、泡泡袖的结构制图 \\067
　　二、泡泡袖与灯笼袖结合的结构制图 \\069
技能拓展 \\069
任务评价 \\073
巩固训练 \\073

05 项目五
提纲挈领　领子的结构设计

任务一　翻折领的结构设计 \\076
任务导入 \\076
知识储备 \\076
任务实施 \\078
　　一、分体翻折领（直企领）的结构
　　　　制图 \\078
　　二、直企领的结构解析 \\078
　　三、分体翻折领（平企领）的结构
　　　　制图 \\078
　　四、平企领的结构解析 \\078
技能拓展 \\079
任务评价 \\079
巩固训练 \\080

任务二　立领的结构设计 \\081
任务导入 \\081
知识储备 \\081
任务实施 \\083
　　一、合体型立领的结构制图 \\083
　　二、合体型变化立领 \\083
　　三、竖直立领的结构制图 \\084
技能拓展 \\085
　　一、半连身立领的结构制图 \\085
　　二、半连身低开两用立领的结构制图 \\085
任务评价 \\086
巩固训练 \\086

任务三　帽领的结构设计 \\087
任务导入 \\087
知识储备 \\087
任务实施 \\088
　　一、两片式帽领的结构制图 \\088
　　二、三片式帽领的结构制图 \\089
技能拓展 \\090
　　一、可拆卸型防寒连衣帽的结构制图 \\090
　　二、披肩领式连衣帽 \\090

任务评价 \\ 092
巩固训练 \\ 092

任务四 平领的结构设计 \\ 093

任务导入 \\ 093
知识储备 \\ 094
任务实施 \\ 096
 一、圆角衬衫平领的结构制图 \\ 096
 二、海军领的结构制图 \\ 096
技能拓展 \\ 097
 一、垂褶领的结构制图 \\ 097
 二、蝴蝶结领的结构制图 \\ 098
 三、波浪领的结构制图 \\ 099
任务评价 \\ 100
巩固训练 \\ 100

模块三 融会贯通 案例提高篇

06 项目六 单衣流芳 女衬衫制版案例应用

任务一 合体型腋下省女衬衫的结构制版 \\ 104

任务导入 \\ 104
知识储备 \\ 105
任务实施 \\ 109
 一、合体型腋下省女衬衫的结构制版 \\ 109
 二、结构解析 \\ 111
技能拓展 \\ 116
 一、合体型腋下省女衬衫毛样板制作 \\ 116
 二、工艺样板的制作 \\ 118
 三、服装CAD数字制版实践 \\ 119
 四、合体型女衬衫制版拓展案例 \\ 119
任务评价 \\ 121
巩固训练 \\ 123

任务二 宽松型坦领女衬衫的结构制版 \\ 124

任务导入 \\ 124
知识储备 \\ 124
任务实施 \\ 124
 一、宽松型坦领女衬衫的结构制版 \\ 124
 二、结构解析 \\ 126
技能拓展 \\ 127
 一、宽松型坦领女衬衫毛样板制作 \\ 127
 二、宽松型女衬衫制版拓展案例 \\ 129
任务评价 \\ 131
巩固训练 \\ 131

07 项目七 中西合璧 女西装制版案例应用

任务一 四开身刀背缝女西装的结构制版 \\ 134

任务导入 \\ 134
知识储备 \\ 134
任务实施 \\ 138
 一、四开身刀背缝女西装的结构制版 \\ 138
 二、结构解析 \\ 140
技能拓展 \\ 145
 一、四开身刀背缝女西装毛样板的制作 \\ 145
 二、合体型女西装制版拓展案例 \\ 148
任务评价 \\ 150
巩固训练 \\ 153

任务二 立领泡泡袖女西装制版 \\ 154

任务导入 \\ 154
知识储备 \\ 154
任务实施 \\ 155
 一、四开身立领泡泡袖女西装的结构制版 \\ 155
 二、结构解析 \\ 157
技能拓展 \\ 158
 一、净样板确认 \\ 158

二、毛样板制作 \\ 159

任务评价 \\ 159

巩固训练 \\ 160

08 项目八
深衣新意　连衣裙制版案例应用

任务一　破肩收省旗袍的制版 \\ 164

任务导入 \\ 164

知识储备 \\ 165

任务实施 \\ 167

一、破肩收省旗袍的结构制版 \\ 167

二、结构解析 \\ 169

技能拓展 \\ 170

一、破肩收省旗袍生产毛样板制作 \\ 170

二、知识点解析 \\ 172

三、服装 CAD 数字制版实践 \\ 172

四、三维虚拟旗袍呈现 \\ 173

任务评价 \\ 173

巩固训练 \\ 175

任务二　鱼尾礼服裙的制版 \\ 177

任务导入 \\ 177

知识储备 \\ 177

任务实施 \\ 179

一、鱼尾礼服裙的结构制版 \\ 179

二、结构解析 \\ 181

技能拓展 \\ 182

一、横向分割形式的鱼尾裙制版 \\ 182

二、鱼尾礼服裙毛样板制作 \\ 183

三、悬垂褶礼服裙的结构制版 \\ 184

任务评价 \\ 187

巩固训练 \\ 187

09 项目九
张弛有度　插肩式休闲装制版案例应用

任务一　合体型插肩式风衣的结构制版 \\ 190

任务导入 \\ 190

知识储备 \\ 190

任务实施 \\ 193

一、合体型插肩袖风衣的结构制版 \\ 193

二、结构解析 \\ 194

技能拓展 \\ 195

一、半插肩袖的结构设计 \\ 195

二、肩章袖的结构设计 \\ 196

任务评价 \\ 196

巩固训练 \\ 198

任务二　宽松型插肩袖校服的结构制版 \\ 199

任务导入 \\ 199

知识储备 \\ 200

任务实施 \\ 203

一、宽松型插肩袖校服的结构制版 \\ 203

二、结构解析 \\ 204

技能拓展 \\ 206

一、落肩式休闲卫衣的制图 \\ 206

二、服装 CAD 数字制版实践 \\ 207

任务评价 \\ 207

巩固训练 \\ 210

参考文献 \\ 211

模块一
启智润心　职业认知篇

项目一
人体测量与号型规格

项目描述

本项目内容是学习制版需要了解并掌握的基础知识,包括人体体型特征、量体、号型的概念、成衣规格设计等诸多方面,辅助运用人体测量示范、规格设计等动态资源,十佳制版师、职业院校优秀学子的榜样事迹材料,三维模特量体、国家职业技能标准《服装制版师》、国家号型标准等,目的是使学生在了解掌握制版基础知识的同时,能够对服装行业现状、职业岗位、工作流程和职业能力的要求有一定了解和思考。

学习目标

知识目标:

1. 掌握人体测量的操作方法;
2. 掌握成衣规格设计方法;
3. 了解国家职业技能标准《服装制版师》。

能力目标:

1. 学会参考国家标准《服装号型》进行成衣规格设计;
2. 学会解读国家标准《服装号型》的号型系列规格表。

素养目标:

1. 通过国家标准《服装号型》解读,培养质量意识、标准意识;
2. 通过"服装制版师"岗位解读,明确岗位要求及职业目标,培养辩证思维能力及职业自信;
3. 通过"量体""规格设计"实操训练,践行知行合一的实践精神。

晓理近思

1. 制版是服装生产中一项技术性很强的工作，容纳了很多琐碎、繁杂的细节处理，对于人体结构的理解，对尺寸、部位的精确把握等，都需要丰富的经验和很高的灵活性，而灵活处理版型则是以娴熟的技术和丰富的经验为前提的。你憧憬成为一名优秀的服装制版师吗？请扫描二维码观看视频和阅读材料，一起来听听全国十佳制版师和一名高职学子、全国五一劳动奖章获得者是怎么说的，并说说你的看法和感悟。

视频：怎样成为一名优秀的制版师——听十佳制版师跟你说

文本：人人皆可成才——记一名高职学子的奋斗之路

2. 在服装行业中，服装制版师是一个非常重要的岗位。他们负责转化设计师的创意想法，制作出符合市场需求和生产要求的服装样板。请扫描二维码阅读材料"服装制版师的岗位职责"，并说一说你所了解的服装制版师是怎样开展工作的。

文本：服装制版师的岗位职责

3.《服装制版师》对服装制版师从业人员的职业活动内容进行了规范细致的描述，对国家职业技能标准各等级从业者的技能水平和理论知识水平进行了明确规定，请扫描二维码阅读"国家职业技能标准《服装制版师》"，说一说你以考取几级制版师为学习的目标。

文本：国家职业技能标准《服装制版师》

任务一　人体体型特征

服装服务的对象是人，服装穿在人身上，可以说服装是人体的第二层皮肤，是人体的软雕塑、外包装，就好像精美的礼品包装一样，所以无论是服装款式设计还是结构设计，都是围绕人体这一核心而展开的工作。"量体裁衣"四个字精辟地概括了人体与服装的关系，人体的外形决定了服装的基本结构和形态。因此，在学习服装结构制图前，首先要了解人体结构及其特征，确定人体测量的部位与方法。

一、人体比例

人体的外形可分为头部、躯干、上肢、下肢四个部分。其中，躯干包括颈、胸、腹、背等部位；上肢包括肩、上臂、肘、下臂、腕、手等部位；下肢包括胯、大腿、膝、小腿、踝、脚等部位。

人体的比例通常以头长为单位测量，我国成年男性、女性身高的比例为 7～7.5 个头长，如图 1-1 所示。

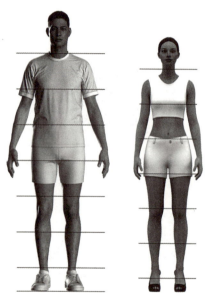

图 1-1　男性、女性人体对比图

二、男女体型差异

如图 1-1 所示，男性颈部较粗，喉结位置偏低，外观明显；女性颈部较细，喉结位置偏高、平坦，外观不明显。颈部的形状决定了领的基本结构。

肩部是前后衣身的分界线，也是服装的主要支撑点。人体肩部呈球面状，前肩部呈双面状，肩头前倾，整个后肩呈弓形，肩端前倾，使服装的前肩斜度大于后肩斜度；肩的弓形使服装后肩斜线略长于前肩斜线。男性肩部一般宽而平；女性肩部窄而斜。

前胸与后背部：胸与背的特征决定了男性后腰节长于前腰节。女性由于乳胸隆起，前腰节长于后腰节，胸部由一部分脊柱、胸骨及十二对肋骨组成。男性胸廓长而大，呈扁圆形，前胸表面呈球面状，背部凹凸变化明显；女性胸廓较男性短小，前胸表面乳胸隆起。胸背特征决定男性后腰节长于前腰节，女性相反，女性乳峰隆起，可以通过省、褶、裥及分割达到合体的目的。肩胛骨的凸起决定了女装合体的结构要有肩背省。

腰部呈扁圆状，小于胸围和臀围，侧腰部及后腰部呈双曲面状。男性腰部较宽，腰部凹陷不明显，女性腰部窄于男性，腰部凹陷较明显，因此，男装的吸腰量小于女装。

将男性和女性与服装制图相关的人体主要部位进行对照，两者的体型差异可归纳为表1-1。

表1-1 男女体型差异对照表

人体部位	男性体型特征	女性体型特征
颈	较粗，横截面呈桃形	较细长，横截面呈扁圆形
肩	宽而平，锁骨弯曲度较大	扁而向下倾斜，锁骨弯曲度较缓
胸	胸廓较长而宽阔，胸肌健壮，较平坦	胸廓窄而短小，胸部隆起，表面起伏变化较大
背	较宽阔，背肌丰厚	较窄，较圆厚
腹	腹肌起伏明显，较扁平	圆厚宽大
腰	曲度较小，腰节较低，凹陷较缓	曲度较大，腰节较高，凹陷较深
骨盆	盆骨高而窄	盆骨低而宽，臀部宽大丰满，向后凸出，臀股沟深陷
上肢	略长，上臂肌肉强健，肘部宽大，手宽厚且略粗壮	略短，肘部宽厚，腕部较窄，手较窄小
下肢	略长，腿肌强健	略短，腿肌圆厚

任务二　人体测量

人体的基本测量是正确掌握人体体型特征的必要手段，测量人体有关部位的长度、宽度和围度的规格数据是进行服装结构设计、制定成衣规格的必要前提之一。它在服装设计与生产过程中具有奠基作用，对人体结构特征的掌握及进行正确的测量，是服装从业者的必备技能。

微课：人体的测量

一、测量方法

测量身高一般常用的工具有腰节带、软尺、人体测高仪。测量时要遵循以下原则：

（1）净尺寸测量：净尺寸是确立人体基本模型的参数。为了使净尺寸测量准确，被测者要求穿紧身的衣服。软尺不宜过松或过紧，保持纵直横平，以便设计者进行发挥。

微课：服装规格设计

（2）直立测量：被测者站直、勿低头、挺胸、保持自然姿势。

（3）定点测量：是为了保证各部位测量的尺寸尽量准确，避免凭经验猜测。

（4）特别标记：测量时，观察被测者的体型，如有特殊部位要做好记录。

（5）围度测量：右手持软尺水平围绕一周，注意软尺贴紧测位，既不脱落也无扎紧感。

PPT：人体测量与成衣规格设计

（6）厘米制测量：测量者所采用的软尺必须是厘米制，以求得标准单位的规范统一。

二、测量基准点

根据人体测量的需要，可对人体划分以下测量基准点：

（1）颈窝点：位于人体前中央颈、胸交界处。它是测量人体身长的起始点，也是后颈窝定位的参考依据。

（2）颈椎点：位于人体后中央颈、背交界处（即第七颈椎界）。它是测量人体背长及上体长的起始点，也是测量服装后衣长的起始点及服装领椎定位的参考依据。

（3）颈侧点：位于人体颈部侧中央与肩部中央的交界处。它是测量人体前、后腰节长的起始点，也是测量服装前衣长的起始点及服装领肩点定位的参考依据。

（4）肩端点：位于人体肩关节峰点处。它是测量人体总肩宽的基准点，也是测量臂长或服装袖长的起始点，以及服装袖肩点定位的参考依据。

（5）胸高点：位于人体胸部左右两边的最高处。它是确定女装胸省省尖的方向参考。

（6）背高点：位于人体背部左右两边的最高处。它是确定女装后肩肩省省尖的方向参考。

（7）前腋点：位于人体前身的臂与胸的交界处。它是测量人体胸宽的基准点。

（8）后腋点：位于人体后身的臂与胸的交界处。它是测量人体背宽的基准点。

（9）前肘点：位于人体上装上肢肘关节前端处。它是服装前袖弯线凹势的参考点。

（10）肘点：位于人体上装上肢肘关节后端处。它是确定服装后袖弯凸势及袖肘省省尖方向的参考点。

（11）前腰节中点：位于人体前腰部正中央处。它是前左腰与前右腰的分界处。
（12）后腰节中点：位于人体后腰部正中央处。它是后左腰与后右腰的分界处。
（13）腰侧点：位于人体侧腰部位正中央处。它是前腰与后腰的分界处，也是测量服装裤长或裙长的起始点。
（14）前臀中点：位于人体前臀正中央处。它是前左臀与前右臀的分界点。
（15）后臀中点：位于人体后臀正中央处。它是后左臀与后右臀的分界点。
（16）臀侧点：位于人体侧臀正中央处。它是前臀和后臀的分界点。
（17）臀高点：位于人体后臀左右两侧最高处。它是确定服装臀省省尖方参考点（或区域）。
（18）前手腕点：位于人体手腕的前端处。它是测量服装袖口大的基准点。
（19）后手腕点：位于人体手腕的后端处。它是测量人体臂长的终止点。
（20）会阴点：位于人体两腿的交界处。它是测量人体肢下和腿长的起始点。
（21）髌骨点：位于人体膝关节的外端处。它是测量确定服装衣长或裙长的参考点。
（22）踝骨点：位于人体脚腕处侧中央处。它是测量人体腿长的终止点，也是测量服装裤长的基准点。
人体基准点的设置将为服装主要结构点的定位提供可靠的依据。

三、测量部位

1. 人体长度测量

人体长度测量如图 1-2 所示。
（1）衣长：自颈侧点向下通过胸点（Bust Point，BP）至所需的长度。
（2）背长：自后领中心点量至腰围线。
（3）前腰节长：自颈侧点过胸点至腰围线。
（4）袖长：肩端点过肘点至手腕骨（量时手臂稍弯曲）。
（5）裤长：自腰侧点垂量至踝围线的距离。
（6）股上长：坐量自腰围线至凳面的距离。
（7）股下长：裤长减去股上的长度。
（8）腰长：腰围线至臀围线的长度。
（9）下身长：经腰围后中心点垂量至脚底。
（10）肘长：肩端点至肘点。
（11）胸高：自颈侧点量至胸点。

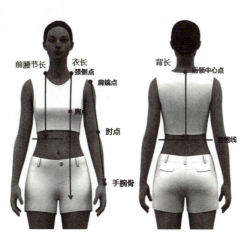

图 1-2　人体长度测量

2. 人体围度测量

人体围度测量如图 1-3 所示。

（1）胸围：自胸部最丰满处，过胸点，水平围量一周。

（2）腰围：自腰部最细处，水平围量一周。

（3）臀围：过臀部最丰满处，水平围量一周。

（4）腹围：在腹部最丰满处，约在腰围线与臀围线的中间，水平围量一周。

（5）头围：过前额至脑后凸出部位围量一周。

（6）颈根围：过颈侧点、第七颈椎点、领前中心点围量一周。

（7）颈围：过第七颈椎水平围量颈部一周。

（8）腋窝围：过肩端点（Shoulder Point，SP）、前后腋点围量一周。

（9）上臂围：围量上臂最粗处一周。

（10）肘围：围量凸出部位一周。

（11）腕围：围量腕骨一周。

（12）掌围：五指并拢围量其最宽处一周。

（13）踝围：经过脚踝骨围量脚脖子一周。

（14）脚口：脚踝围的一半。

3. 人体宽度测量

人体宽度测量如图 1-4 所示。

（1）总肩宽：左肩端点过后领中心点至右肩端点。

（2）背宽：后腋下左量至右。

（3）胸宽：前腋下左量至右。

（4）胸距：两 BP 之间的距离。

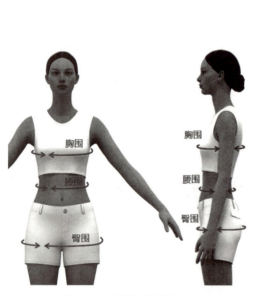

图 1-3　人体围度测量

图 1-4　人体宽度测量

任务三 特殊体型的特征与测量

人体的体型由于年龄、性别、职业、体质、疾病、种族遗传及发育等因素，形成了不同的体型，一般可分为正常体型和特殊体型两大类。正常体型的胸、背、肩、腹、臀、四肢等各部位比例正常，骨骼、肌肉发育均衡。所谓标准人体和理想人体，一般是指正常体型。服装结构制图中的人体（除特殊说明外）都是指正常体型。特殊体型是指体型上的发展不均衡，超越正常体型范围的各种体型。畸形体型，如鸡胸、歪脖、残缺体型（如断肢），不属于特殊体型。对于特殊体型的制图和裁剪，应找出其与正常体型之间的差异，在结构制图时针对相关部位作一些修正。

一、特殊体型的分类

（1）比例失调：如瘦高体、矮胖体、宽肩平髋体、窄肩宽髋体等。
（2）形态异常：如平肩、溜肩、扭肩、宽肩、O形腿、X形腿等。
（3）左右不对称：如高低肩、长短腿、高低胸等。
（4）前后不对称：如探颈、挺胸、驼背、平胸、凸腹、凸臀、平臀等。

二、特殊体型的测量

特殊体型的测量是在一般测体的基础上，针对特殊部位补充测量。常用经验判断与测量加推算相结合的方法，对于所测的数据只作为结构制图的参考尺寸。以下是对特殊体型的加量部位。
（1）驼背体：注意衣长的测量，加量后腰节长。
（2）挺胸体、凸胸体：仔细测量前腰节长，推测"胸高点"尺寸。
（3）凸腹体：上衣加量后衣长，并与前衣长比较。下装加量腹围尺寸与围裆尺寸。
（4）平肩、溜肩、高低肩：与正常肩（女肩20°、男肩19°）比较找出调节值。
（5）凸臀体：准确测量臀围，做西服、旗袍时，宜加测后腰节至臀高点的尺寸。

三、特殊体型的体型特征

（1）挺胸体：胸部前挺，饱满凸出，后背平坦，头部略往后仰，前胸宽，后背窄。
（2）驼背体：背部凸出且宽，头部略前倾，前胸则较平且窄。
（3）平肩：两肩端平，呈"T"形。
（4）溜肩：两肩塌，呈"个"字形。
（5）高低肩：左右两肩高低不一，一肩正常，另一肩则低落。
（6）凸臀：臀部丰满凸出，腰部的中心轴向前倾。
（7）平臀：臀部平坦。
（8）凸腹：腹部凸出。臀部并不显著凸出，腰部的中心轴向后倾倒。
（9）O形腿：两膝盖向外弯，两脚向内偏，下裆内呈椭圆形。
（10）X形腿：臀下弧线至两膝盖向内并齐，两腿平行且外偏，膝盖以下至脚跟向外撇呈八字形。

四、特殊体型的表示符号

特殊体型表示符号见表 1-2。

表 1-2　特殊体型表示符号

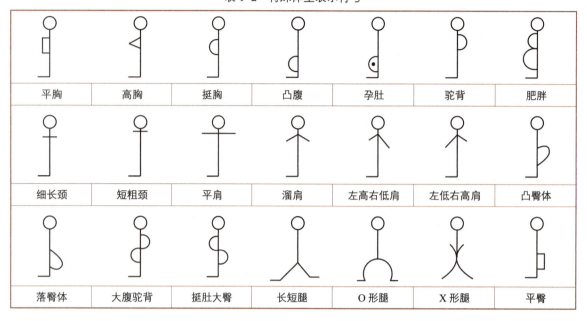

任务四　号型系列与控制部位

一、号型

号是指人体的身高，以厘米为单位表示，是设计和选购服装长短的依据；型是指人体的胸围或腰围，以厘米为单位表示，是设计和选购服装肥瘦的依据。国家标准《服装号型》（GB/T 1335）根据人体的胸围与腰围的差数，将体型分为四种，代号为 Y、A、B 和 C。它的分类有利于成衣设计中胸腰围差数的合理使用，也为消费者在选购服装时提供了方便。其中，男子服装标准的体型代号、范围及所占总量比例见表 1-3；女子服装标准的体型代号、范围及所占总量比例见表 1-4。

表 1-3　男子服装标准的体型代号、范围及所占总量比例

体型分类代号	Y	A	B	C
胸腰差 /cm	17～22	12～16	7～11	2～6
比例 /%	20.98	39.21	28.65	7.92

表 1-4　女子服装标准的体型代号、范围及所占总量比例

体型分类代号	Y	A	B	C
胸腰差 /cm	19～24	14～18	9～13	4～8
比例 /%	14.82	44.13	33.72	6.45

从表 1-3 和表 1-4 中男、女各体型在总量中的覆盖率可见，A 体型在各自的覆盖率中所占比例最大，所以，本书讲解制版时以 A 体型为主。

国家标准《服装号型》（GB/T 1335）规定服装上必须标明号型，套装中的上、下装分别标明号型。号型的表示方法是号与型之间用斜线分开，后接体型分类代号，如 170/88A、170/74A、160/84C、160/78C。

二、号型系列

我国的服装规格和标准人体的尺寸研究起步较晚，国家统一号型标准是在 1981 年制定的。经过一些年的使用后，比较系统的国家服装标准于 1991 年发布，其中包含了 5·3 号型系列。1997 年、2008 年，又分别发布了新的国家号型标准，提出 5·4 和 5·2 号型系列。在 GB/T 1335.1—2008 的国家标准中，身高以 5cm 一档分成 8 档，男子身高从 155～190cm，女子身高从 145～180cm，组成号系列；胸、腰围分别以 4cm 和 2cm 分档，组成型系列；身高与胸围、腰围搭配分别组成 5·4 和 5·2 号型系列。一般来说，5·4 系列和 5·2 系列组合使用，5·4 系列常用于上装中，5·2 系列多用于下装中；5·3 系列既用于上装又用于下装中。

一般企业都会根据自身的特点，针对销售的不同区域和不同对象，采取灵活多样的尺寸比例搭配，来制定相应的企业标准，企业标准要高于行业标准，而行业标准又高于国家标准。如果一个企业不使用国家标准，就应该使用相应的行业标准或企业标准。总之，服装企业应遵循国家标准的要求进行生产，但杜绝盲目照搬和盲目教条的做法，在实际操作中要掌握主动权，灵活运用。表 1-5～表 1-8 仅列出 A 体型的号型系列规格表，以供参考。

表 1-5　2008 年男子 5·4/5·2A 号型系列规格表　　　　　　　　　　　　　　　　　　　　cm

胸围	腰围																				
	身高155			身高160			身高165			身高170			身高175			身高180			身高185			身高190		
72				56	58	60	56	58	60												
76	60	62	64	60	62	64	60	62	64	60	62	64									
80	64	66	68	64	66	68	64	66	68	64	66	68	64	66	68						
84	68	70	72	68	70	72	68	70	72	68	70	72	68	70	72	68	70	72			
88	72	74	76	72	74	76	72	74	76	72	74	76	72	74	76	72	74	76	72	74	76
92				76	78	80	76	78	80	76	78	80	76	78	80	76	78	80	76	78	80
96							80	82	84	80	82	84	80	82	84	80	82	84	80	82	84
100										84	86	88	84	86	88	84	86	88	84	86	88
104													88	90	92	88	90	92	88	90	92

表 1-6　2008 年女子 5·4/5·2/A 号型系列规格表　　　　　　　　　　　　　　　　　　　　cm

胸围	腰围																				
	身高145			身高150			身高155			身高160			身高165			身高170			身高175			身高180		
72				54	56	58	54	56	58	54	56	58									
76	58	60	62	58	60	62	58	60	62	58	60	62	58	60	62						
80	62	64	66	62	64	66	62	64	66	62	64	66	62	64	66	62	64	66			
84	66	68	70	66	68	70	66	68	70	66	68	70	66	68	70	66	68	70	66	68	70
88	70	72	74	70	72	74	70	72	74	70	72	74	70	72	74	70	72	74	70	72	74
92				74	76	78	74	76	78	74	76	78	74	76	78	74	76	78	74	76	78
96							78	80	82	78	80	82	78	80	82	78	80	82	78	80	82
100										82	84	86	82	84	86	82	84	86	82	84	86

表 1-7　1991 年国家标准男子 5·3A 号型系列规格表　　　　　　　　　　　　　　　　　　　　cm

胸围	腰围						
	身高155	身高160	身高165	身高170	身高175	身高180	身高185
72		58	58				
75	61	61	61	61			
78	64	64	64	64			
81	67	67	67	67	67		
84	70	70	70	70	70	70	
87	73	73	73	73	73	73	73
90		76	76	76	76	76	76
93		79	79	79	79	79	79
96			82	82	82	82	82
99				85	85	85	85

表 1-8　1991年国家标准女子 5·3A 号型系列规格表　　　　　　　　　　　　　cm

胸围	腰围						
	身高 145	身高 150	身高 155	身高 160	身高 165	身高 170	身高 175
72	56	56	56	56			
75	59	59	59	59	59		
78	62	62	62	62	62		
81	65	65	65	65	65	65	
84	68	68	68	68	68	68	68
87		71	71	71	71	71	71
90		74	74	74	74	74	74
93			77	77	77	77	77
96				80	80	80	80

三、控制部位

在国家标准中指出人体主要的控制部位是身高、胸围和腰围。控制部位的数值（指人体主要部位的数值，系净体尺寸）是制图时制定服装规格的参考依据。仅有这三个尺寸是不够的，因此，在男子和女子标准中还有颈椎点高、坐姿颈椎点高、全臂长、腰围高、颈围、总肩宽和臀围七个控制部位。这十个控制部位数值基本可以作为制定服装规格的主要参考尺寸，也是服装推板时设置档差的主要参考依据。表 1-9～表 1-12 为 A 号型系列控制部位数值表。

表 1-9　男子 5·4/5·2A 号型系列控制部位数值表　　　　　　　　　　　　　cm

部位	数值																			
身高	155		160		165		170		175		180		185		190					
颈椎点高	133		137		141		145		149		153		157		161					
坐姿颈椎点高	60.5		62.5		64.5		66.5		68.5		70.5		72.5		74.5					
全臂长	51.0		52.5		54.0		55.5		57.0		58.5		60.0		61.5					
腰围高	93.5		96.5		99.5		102.5		105.5		108.5		111.5		114.5					
胸围	72		76		80		84		88		92		96		100		104			
颈围	32.8		33.8		34.8		35.8		36.8		37.8		38.8		39.8		40.8			
总肩宽	38.8		40.0		41.2		42.2		43.6		44.8		46		47.2		48.4			
腰围	56	58	60	60	62	64	64	66	68	68	70	72	72	74	76	76	78	80	80	82	84	84	86	88	88	90	92
臀围	75.6	77.2	78.8	78.8	80.4	82.0	82.0	83.6	85.2	85.2	86.8	88.4	88.4	90.0	91.6	91.6	93.2	94.8	94.8	96.4	98.0	98.0	99.6	101.2	101.2	102.8	104.4

表 1-10　女子 5·4/5·2A 号型系列控制部位数值表　　　　　　　　　　　　　cm

部位	数值							
身高	145	150	155	160	165	170	175	180
颈椎点高	124.0	128.0	132.0	136.0	140.0	144.0	148.0	152.0

续表

部位	数 值																		
坐姿颈椎点高	56.5		58.5		60.5		62.5		64.5		99.5		68.5			70.5			
全臂长	46		47.5		49.0		50.5		52.0		53.5		55.0			56.5			
腰围高	89.0		92.0		95		98		101		104		107			110			
胸围	72		76		80		84		88		92		96			100			
颈围	31.2		32.0		32.8		33.6		34.4		35.2		36.0			36.8			
总肩宽	36.4		37.4		38.4		39.4		40.4		41.4		42.4			43.4			
腰围	54	56	58	58	60	62	62	64	66	66	68	70	70	72	74	74	76	78	78	80	82	82	84	85
臀围	77.4	79.2	81.0	81.0	82.8	84.6	84.6	86.4	88.2	88.2	90.0	91.8	91.8	93.6	95.4	95.4	97.2	99.0	99.0	100.0	102.6	102.6	104.4	106.2

表 1-11 国家标准男子 5·3A 号型系列控制部位数值表   cm

部位	数 值								
身高	155		160		165	170	175	180	185
颈椎点高	133.0		137.0		141.0	145.0	149.0	153.0	157.0
坐姿颈椎点高	60.5		62.5		64.5	66.5	68.5	70.5	72.5
全臂长	51.0		52.5		54.0	55.5	57.0	58.5	60.0
腰围高	93.5		96.5		99.5	102.5	105.5	108.5	111.5
胸围	72	75	78	81	84	87	90	93	96	99
颈围	32.85	33.60	34.35	35.10	35.85	36.60	37.35	38.10	38.85	39.60
总肩宽	38.9	39.8	40.7	41.6	42.5	43.4	44.3	45.2	46.1	47.0
腰围	58	61	64	67	70	73	76	79	82	85
臀围	77.2	79.6	82.0	84.4	86.8	89.2	91.6	94.0	96.4	98.8

表 1-12 国家标准女子 5·3A 号型系列控制部位数值表   cm

部位	数 值								
身高	155	160	165	170	175	180	185		
颈椎点高	124.0	128.0	132.0	136.0	140.0	144.0	148.0		
坐姿颈椎点高	56.5	58.5	60.5	62.5	64.5	66.5	68.5		
全臂长	46.0	47.5	49.0	50.5	52.0	53.5	55.0		
腰围高	89.0	92.0	95.0	98.0	101.0	104.0	107.0		
胸围	72	75	78	81	84	87	90	93	96
颈围	31.2	31.8	32.4	33.0	33.6	34.2	34.8	35.4	36.0
总肩宽	36.40	37.15	37.90	38.65	39.40	40.15	40.90	41.65	42.40
腰围	56	59	62	65	68	71	74	77	80
臀围	79.2	81.9	84.6	87.3	90.0	92.7	95.4	98.1	100.8

四、服装控制部位及放松量

服装成品规格的设置，需参考以上控制部位的数值进行加减来完成，表1-13中列举了各控制部位数值与服装相关部位规格之间的对应关系。

表1-13 各控制部位数值与服装相关部位规格之间的对应关系

控制部位数值	对应成品规格设置参考
身高	—
颈椎点高	上衣衣长
坐姿颈椎点高	上衣衣长
全臂长	袖长
腰围高	裤长、裙长
胸围	上衣胸围
颈围	领宽、领深
全肩宽	上衣肩宽
腰围	上衣、下装腰围
臀围	上衣、下装臀围

表1-14为国家标准中传统男、女西服套装在人体基本参数的基础上关键部位应加放的松量，由于西服款式更新换代较快，其中有些数据已不适合企业生产，仅供参考。如衣长通常按颈椎点高的一半来计算，企业也可以参考坐姿颈椎点高来计算衣长；袖长的加放量是在全臂长的基础上加3.5 cm，企业可根据西服上衣的款式特点与消费者穿着习惯自行调节；裤长中的+2-2是指在腰围高的基础上加上腰宽的2 cm（腰头宽按4 cm）再减去裤口距脚底的2 cm，换句话说，可以直接采用腰围高来计算裤长。企业根据裤子的款型可做适当调整，如低腰裤和高腰裤的裤长就要另行计算。

表1-14 传统男、女西服上衣、裤子关键部位的加放量　　　　　　　　　　　　cm

性别	加放量						
	衣长	胸围	袖长	总肩宽	裤长	裤子腰围	裤子臀围
男子	−0.5	+18	+3.5	+1	+2-2	+2	+10
女子	−5	+16	+3.5	+1	+2-2	+2	+10

参照控制部位，企业可制定出大部分服装规格表中的尺寸，但并不能满足结构制图的需要，还有一些部位的尺寸需要企业自行设定或凭比例来计算或直接注寸。

国家标准中，男性中间体为170/88A，女性中间体为160/84A。人体的高度随着人们生活水平的不断提高也在相应增加。从近两年国内服装市场上的销售情况来看，人体的高度还在继续增高，故有些企业为了适应市场需要，将男、女原型的中间体分别定为175/96A、165/84A。

前沿技术

三维人体扫描技术

当今社会正在飞速向智能化、数据化、信息化方向发展，而数字化技术与理论是实现这一发展趋势的重要前提之一。三维（3D）人体扫描技术通过获取人体表面的三维空间位置，将其数字化、模型化呈现，从而获取准确的原始人体数据信息，并可利用多种计算机处理技术对人体模型进行编辑、测量、提取、分析等操作。三维人体扫描技术作为当今的热门研究课题之一，已被广泛应用于服装产品设计、医学整形、文物保护、游戏与影视制作、航空航天、人机工程学研究等领域，具有广阔的发展前景。

我国是重要的服装生产与消费国之一。随着人们对服装合体舒适性和个性化设计的要求越来越高，大批量、品种单一的生产方式必然要向小批量乃至单件、品种多样化的方式转变；服装的销售方式也将从顾客参照号型选购服装、现场试穿向根据单个消费者体型进行虚拟量身定制、网络虚拟试穿、物流送货上门的方向发展。这就要求服装企业借助三维服装 CAT/CAD/CAM 技术，能够在短时间内根据消费者本身的特征生产、销售合体、舒适性良好、令消费者满意的服装，提高企业核心竞争力和实现创收盈利的目标。

三维人体扫描技术，通过非接触式的全身扫描，利用先进的光学成像技术，捕捉发射到人体表面的光所形成的图像，生成人体三维轮廓。与传统的人体测量方式相比较，传统的手工接触式测量，通常需要有经验的人员来做，因而，测量的效果与测量者的专业程度有很大关联，测量的数据也比较有限，这无疑会使大规模服装定制产业的发展受限。而利用现代三维人体扫描技术对人体进行非接触性的测量，可以快速准确地获取人体表面的精确三维数据，不仅节省人力、物力，而且对于服装定制产业的整合至关重要。三维人体扫描系统是实现电子量身定制、三维人体数据库建立、个性化三维虚拟服装设计、虚拟试衣的基础和关键技术。

3D 人体扫描技术是数字科技的重要组成部分之一，其应用前景非常广阔。服装领域的三维人体扫描技术的研究，有利于促进我国服装设计行业朝着商业模式创新、平台服务创新、工业设计与服装产业创新之路的发展，逐步实现服装设计产业的数字化和智能化。面向服装领域的三维人体扫描、数据处理、提取与模型重建方法的研究，均可拓展至其他应用领域的人体数据获取，为相关研究提供方法参考。

项目二
服装制版基础知识

项目描述

服装制版是高等院校服装专业必不可少的一门核心专业课程。本书选取近两年服装中多个流行款式进行制版,对制图要点进行归纳,采用企业中常用的制版方法进行绘图,在制版原理与要求上尽量兼顾企业与教学的双方要求,既能简单快捷、高效地完成制版,又能细化步骤,为教学讲解提供理论依据。本项目内容是学习制版需要了解并掌握的基础知识,包括服装制版工具、制版术语、制图方法、制图要求及样板的规范等诸多方面,辅助运用制版工具使用实操演示动态资源,企业生产工艺单等文本资源,目的是使学生能够对职业岗位的工作流程和职业能力的要求有一定了解,并能够对服装制版师的职业发展有一定的思考和规划。

学习目标

知识目标:

1. 了解服装手绘打板工具及计算机打板相关软件;
2. 掌握使用手绘打板工具绘制样板的方法;
5. 了解服装结构设计方法与制图步骤。

能力目标:

1. 能够熟练使用直尺、剪刀等打板工具;
2. 学会解读企业生产工艺单。

素养目标:

1. 通过企业生产工艺单解读,培养质量意识、标准意识;
2. 通过"制版工具使用"实操训练,熟悉工作流程,践行知行合一的实践精神。

任务一 制版术语与基本流程

一、术语

（1）结构制图：运用平面结构设计方法在纸上或面料上绘制出的，能反映各个衣片组合结构关系和尺寸的平面图形的过程称为结构制图。

（2）样板与纸样：将1∶1的结构制图按一定缝制工艺要求和内外结构关系分解为多片不重叠结构的图形，并加入适当的缝份和贴边的量，就形成了样板，俗称"纸样"。

（3）服装毛样板：工业批量化生产用的样板称为"毛样板"，通常是指一套规格从小到大的系列化样板。

（4）推板：以标准样板（一般为中间号型样板，也可用最大或最小号型样板）为母版，通过科学的计算及放缩得出同一款式、不同规格纸样的过程，也称为放码、括号、推档等。

（5）档差：样板在推档过程中，某一服装款式相邻两号型之间相同部位的规格之差称为档差。

（6）基准点：在基础样板中，确定一个理想的点，以此向四个方向设计档差，称为基准点（此点位置不变，类似于坐标原点）。

（7）基准线：通过基准点的垂直水平线称为基准线。其常设置在样板的对称轴上（类似于X坐标轴和Y坐标轴）。

（8）放码点：服装样板在推板过程中所选择的结构线的关键点称为放码点。一般为结构线的拐点或交叉点。

（9）裁剪样板：在成衣生产的批量裁剪时用来划样的样板称为裁剪样板，如面料样板、里料样板、衬料样板等。

（10）工艺样板：在成衣生产的缝制和熨烫、质检过程中起辅助作用的样板称为工艺样板。如西服加衬后用来进行修正核样的修正样板；用来熨烫褶裥、袋盖等的定型样板；用来定位纽扣、口袋等的定位样板等。

二、基本流程

服装工业制版的基本流程如下。

（1）根据工艺单要求的款式特点，结合面辅料的要求与缝制工艺要求，进行基准样板的确定。基准样板一般为加放缝份、折边后且进行缩水率和热缩率计算后的毛板。

（2）根据工艺单中规格表的号型要求，结合服装款式进行成品规格各部位档差的确定。

（3）根据款式的特点，选择合适的基准点、基准线与放码点，按各部位的档差进行全套工业纸样的制作。其主要包括裁剪样板和工艺样板两大类。

（4）根据制作出的样板种类进行整理标记。标注上对位标记、省位、袋位等，还要在经向号的上下位置标注上产品的编号及名称、号型规格，样片的名称、性质及裁片数。

任务二　服装结构制图方法

服装结构制图的方法主要有平面裁剪法、立体裁剪法和计算机辅助裁剪法三种。企业中服装制版多采用平面裁剪法。下面对平面裁剪法进行详细介绍。

平面裁剪法又可分为原型法、比例法、基型法和直接注寸法四种。

一、原型法

按照中间号型的人体模型，测量出各个部位的标准尺寸，制出服装的基本形状，就称为服装原型。原型一般包括上衣前后片、袖片和裙子前后片。服装原型只是服装平面制图的基础，并不是正式的服装裁剪图。

由于地域差异，各个国家的人体体型不尽相同，因此都有属于本国的原型，如美国原型、英国原型等。

我国人体体型与日本人体体型比较接近，国内原型法制图多采用日本文化式女装原型，如图2-1所示，其中 B^* 代表净胸围。利用这种原型制图方法容易学习，传播较广，影响也比较大。近年来，我国服装行业专家正在探索研究专属于我国的女装原型，如东华大学研究出的东华原型，目前也正在实践与推广中，如图2-2所示。

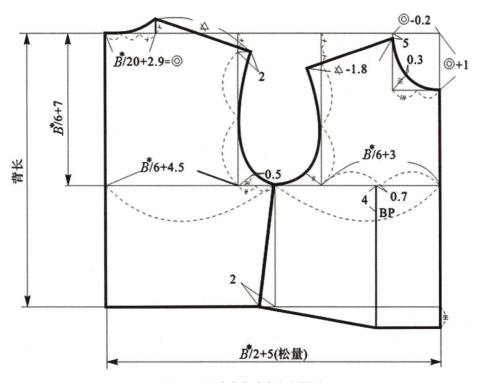

图2-1　日本文化式女上衣原型

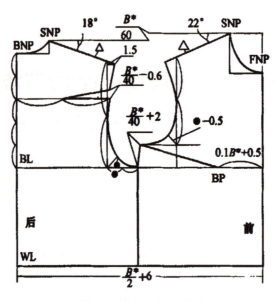

图 2-2 东华女上衣原型

二、比例法

比例法又称"胸度法",是我国传统的服装制图方法之一,将服装各部位采用一定的比例再加减一个定值来计算。例如,前后衣片用 $B/4 \pm$ 定数、$B/3 \pm$ 定数来计算;裤子臀围用 $H/4 \pm$ 定数来计算等。

比例法应用比较灵活,容易学会,任何体型都可以按照这种比例方法作图。目前,服装行业中的推板主要使用比例公式来计算档差。但比例法的计算公式准确性较差,中号尺寸计算还可以,过大或过小规格的尺寸误差就比较大,对某些部位要进行一些修正。

三、基型法

基型法是在借鉴原型法的基础上提炼而成的。基型法由服装成品胸围尺寸推算而得,各围度的放松量不必加入,只需要根据款式造型要求制定即可。此种方法常用于相似款式的服装制版,本书研究的西服套装就属于款式变化不大的服装种类,其只在细节上发生改变,在企业中常用基型法来绘制样板。

四、直接注寸法

在制版时,如果工艺单中只提供了款式图或只提供样衣,就需要根据款式图上标注的各部位规格尺寸或根据样衣测量出各部位的规格尺寸来制图,此时就不需要制图用的计算公式了。

样衣测量(也称为复样、驳样)的尺寸数据有一定的误差,制图时在各部位线条连接画顺的基础上,对有些尺寸要做一些核对修正。

直接注寸法由于其灵活性,常用于单体定制甚至高级定制。每个人的体型特征不同,制版师通过测量个体的尺寸,得出精确的数据进行制版,样板能够更加具有针对性地来适应不同的体型,进而达到服装的修身合体效果。但此种方法有一定的难度,需要制版师具有较强的理论基础和较多的实践经验。

任务三　服装制图要求与样板规范

服装结构制图是裁剪服装的依据，是服装行业的技术文件，是在生产和技术交流中必要的资料。在服装设计款式图的基础上，按照服装结构的组合原理，画出衣片的各个部件，并详细标明各部位线条的绘制方法及计算公式等。

一、服装制图要求

1. 制图步骤

（1）先画基础线，再画轮廓线，最后画内部结构线。对于某一衣片的制图顺序，一般是先定上下长度，如衣片的上平线、下平线等水平横向线，再画左右宽度，如衣片的后中、前中等竖直纵向线，将整幅图合理布局、确认不会超边界后，再按照一定顺序画出外部轮廓线。一般后衣片的轮廓线从后领开始按顺时针方向绘制，前衣片从前领开始按逆时针方向绘制。外轮廓线完成后再看内部分割线和零部件的结构线，如省道、褶裥、口袋等内部线条。

（2）先画主部件，后画零部件。一件服装可能要分成若干个部件，上装的主部件是指前后衣片、大小袖片，下装的主部件是指前后裤片或前后裙片；上装的零部件是指领子、袋布、袋盖、挂面、袋垫、嵌条等，下装的零部件是指腰头、门里襟、袋垫、后兜布等。

通常，先完成主要部件的绘制，再画零部件，因为零部件中的尺寸大多要与主部件中的尺寸相符合。例如，袖子的袖山弧线长度要与衣身的袖窿弧线长度相配合；衣领的领下口弧线要与衣身的前后领弧线长度相符合，且因主部件的裁片面积比较大，对纱向的要求比较高，先画主部件有利于后期合理排料。

（3）先画面料图，后画辅料图。一件服装使用的辅料应与面料相配合，制图时，应先绘制好面料的结构图，然后根据面料来配辅料。对于西服套装来说，辅料包括夹里、衬料、嵌条等。

（4）上衣先画后片，再画前片。企业生产时，多数客户提供的工艺单中，标注的衣长是后衣长，即从后颈点开始测量至底边的长度（不包含后领高），此时结构制图应先画后片以保证尺寸的相对准确。

2. 制图工具

（1）直尺：服装制图的基本工具。在纸上绘制结构图时，一般采用有机玻璃尺，其平直度好，刻度清晰，不遮挡制图线条。常用的规格有 20 cm、30 cm、50 cm、60 cm、100 cm 等。

（2）角尺：分三角尺和 90° 尺两种。三角尺按角度分别为 30°、60°、90° 和 45°、45°、90° 两个配套使用。90° 角尺两边有不同的规格，主要用于制大图或代替"丁"字尺使用（见图 2-3）。

（3）曲线板：曲线板上的曲线是由许多曲率半径不同的圆弧组成，使用时，应根据各部位弧线的曲率大小，分别选择曲线板上吻合曲线的部分，连接各点描出曲线。常用于画裙子和裤子侧缝线、前后裤裆弯线、衣袖缝线及下摆线等弧线。

图 2-3　角尺

（4）放码尺：又称方格尺，用于绘制平行线、放缝份和缩放规格，长度常见的有 45 cm、60 cm（见图 2-4）。

（5）软尺：又称皮尺，常用于人体测量或量取弧线长度。软尺规格多为 150 cm。一般为塑料材质，长期使用会出现测量误差，应及时核验、更换（见图 2-5）。

（6）自由曲线尺：又称蛇尺，可自由折成各种弧线形状，用于测量弧线长度，如袖窿、袖山等结构线的测量（见图 2-6）。

图 2-5 软尺

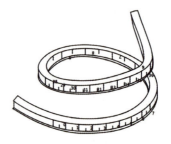

图 2-4 放码尺　　　　　　　　　图 2-6 自由曲线尺

（7）比例尺：用于在本子上做缩小图记录。其刻度根据实际尺寸按比例缩小，一般有 1/2、1/3、1/4、1/5 的缩图比例（见图 2-7）。

（8）量角器：作图时用于肩斜度等角度的测量。

（9）剪口钳：可在样板边缘减掉一个 U 形缺口，用于在样板上做对位标记（见图 2-8）。

（10）铅笔：是制图的主要工具，通常使用 2B 或 B 加粗轮廓线，使用 HB 或 H 绘制基础线等。

（11）描图器：又称滚轮，用于将布上样线拷贝、描画到样板纸上（见图 2-9）。

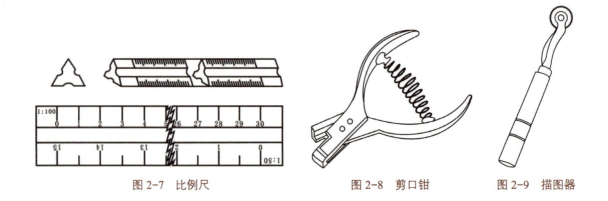

图 2-7 比例尺　　　　　　　图 2-8 剪口钳　　　　　图 2-9 描图器

3. 制图比例

服装制图比例是指制图时图形的尺寸与服装部件（衣片）的实际大小的尺寸之比。其主要有以下三种。

（1）缩比：将服装部件（衣片）的实际尺寸缩小后制作在图纸上，如 1∶2、1∶3、1∶5、1∶10 等。

（2）等比：将服装部件（衣片）的实际尺寸按原样大小制作在图上，即制图比例为 1∶1。

（3）倍比：强调说明某些零部件或服装的某些部位时，将服装零部件按实际大小放大若干倍后制作在图上，一般采用较少，且仅限于零部件或某些部位，如 2∶1、4∶1 等。

在同一张图纸上，应采用相同的比例，并将比例填写在标题栏内，如需要采用不同比例时，必须在每个零部件的左上角标明比例。

4. 制图图线

服装制图图线形式及用途如表 2-1 所示。

表 2-1　服装制图图线形式及用途

序号	图线名称	图线形式	图线宽度 /mm	图线用途
1	粗实线	————	0.9	1. 服装和零部件轮廓线 2. 部位轮廓线
2	细实线	————	0.3	1. 图样结构基础线 2. 尺寸线和尺寸界线 3. 引入线
3	虚线	- - - - -	0.6	1. 裁片重叠时轮廓的影示线 2. 缝纫明线
4	单点画线	—·—·—	0.6	对称部位对折线
5	双点画线	—··—··—	0.3	不对称部位折转线

5. 制图符号

服装制图符号及用途如表 2-2 所示。

表 2-2　服装制图符号及用途

序号	符号	名称	用途
1	—③—	顺序号	制图的先后顺序
2	～～～	等分号	某一线段平均等分
3	▨ ▧	裥位	衣片中需折叠的部分
4	▷◁	省缝	衣片中需缝去的部分
5	├─┤	间距线	某部位两点间的距离
6	⌇⌇	连接号	裁片中两个部位应连在一起
7	⌐⌐	直角号	两条线相互垂直
8	○◎●△▲	等量号	两个部位的尺寸相同
9	⊢⊣	眼位	扣眼的位置
10	⊕	扣位	纽扣的位置
11	←→	经向号	原料的经向（纵向）
12	→	顺向号	毛绒的顺向
13	〰〰	螺纹号	衣服下摆或者袖口处装螺纹边或者松紧带
14	- - - - -	明线号	缉明线的标记

续表

序号	符号	名称	用途
15	～～～	褶裥号	裁片中直接收成褶的部位
16	⌒⌒	归缩号	裁片该部位经熨烫后归缩
17	︿︿	拔伸号	裁片该部位经熨烫后拔开、伸长
18	⊓⊔⊓⊔	拉链	该部位装拉链
19	⌒⌒⌒	花边	该部位装花边

6. 部位代号

服装制图主要部位代号如表 2-3 所示。

表 2-3　服装制图主要部位代号

序号	中文	英文	代号
1	衣长	Length	L
2	领围	Neck Girth	N
3	胸围	Bust Girth	B
4	腰围	Waist Girth	W
5	臀围	Hip Girth	H
6	横肩宽	Shoulder	S
7	胸围线	Bust Line	BL
8	腰围线	Waist Line	WL
9	臀围线	Hip Line	HL
10	肘线	Elbow Line	EL
11	膝盖线	Knee Line	KL
12	胸点	Bust Point	BP
13	颈肩点	Side Neck Point	SNP
14	颈前点	Front Neck Point	FNP
15	颈后点	Back Neck Point	BNP
16	肩端点	Shoulder Point	SP
17	袖窿	Arm Hole	AH
18	袖长	Sleeve Length	SL
19	袖口	Cuff Width	CW
20	袖山	Arm Top	AT
21	袖肥	Bicpes Circumference	BC
22	裙摆	Skirt Hem	SH
23	脚口	Slacks Bottom	SB
24	底领高	Band Height	BH
25	翻领宽	Top Collar Width	TCW
26	前胸宽	Front Bust Width	FBW
27	后背宽	Back Bust Width	BBW
28	上裆长（股上长）	Crotch Depth	CD

续表

序号	中文	英文	代号
29	前腰节长	Front Waist Length	FWL
30	后腰节长	Back Waist Length	BWL
31	前裆	Front Rise	FR
32	后裆	Back Rise	BR

二、样板规范

1. 样板上的符号

样板上的符号如表 2-4 所示。

表 2-4 样板上的符号

序号	名称	符号	使用说明
1	钻眼号	⊙	表示部位定位标记
2	光边	⊢——⊣	表示借助面料直布边
3	刀口	─∨─	表示部位、部件对位标记
4	正面	▭	表示样板使用正面的提示
5	反面	⊠	表示样板使用反面的提示
6	向上	∧	表示样板使用应向上的提示
7	向下	∨	表示样板使用应向下的提示
8	缝止	⊢——○	表示某部位开口缝止的标记
9	开线袋位	⊢—⊢—⊣	表示单开线袋、双开线袋的标记

2. 样板定位标记

定位标记有刀口和钻眼,它们主要起标明衣片缝制中对位和定位的作用。刀口是确定样板的边缘对位点;钻眼是确定样板的内部定位点,两者必须在缝份中制作,才能使缝合后刀口和钻眼不外露。

(1) 刀口标记的部位:特殊缝份和折边的宽窄;收省的位置和大小;开衩的位置;部件装配的位置;袋、袖头等装配位置;褶裥或抽褶、分割缝的定位;需要对格对条的位置等。

(2) 钻眼标记的部位:收省的长度和橄榄形省的大小;插袋和挖袋的位置与大小等。

3. 样板标注文字说明

(1) 服装产品的款号或订单号;

(2) 服装成衣规格;

(3) 样板的类别,如面料样板或定型样板、定位样板、衬样、里样等;

(4) 样板的特性,如左右非对称的服装产品要标注左右片的正反面;样板在使用时应裁的片数;有毛向的服装样板应标注向上或向下的标记;要使用光边的服装款式需注明;

(5) 注明纱向;

(6) 注明衣片名称。

任务四　服装生产工艺单

一、服装生产工艺单的内容

服装生产工艺单是用于指导服装工业化生产过程的工艺技术文件。工艺单中列明各项工作的具体操作细则、质量要求等。为减少工作的繁复性与方便生产，工艺单文本应以图表的形式为主，简单明了，既利于填写，又利于配合生产程序的顺利进行。服装生产工艺单的主要内容和要求如下。

（1）产品信息：包括产品名称、款式编号、规格尺寸等基本信息。

（2）产品效果图或款式图：包括产品正面、背面、重点部位的效果图。效果图要求比例准确合理，各部位的标志也要准确无误，款式上的缉线、分割、比例等必须与样衣相符。产品效果图的下面还可附上简短的款式描述，包括产品外形、产品结构、产品特征等。

（3）材料清单：列出所需的面料、配件和辅料，包括每种材料的品名、规格、颜色、数量等信息。

（4）工艺流程：详细描述从原材料准备到成品的每个步骤和操作流程。

（5）缝制要求：包括缝纫工艺，如针线类型、针距密度、接缝宽度等，必要时需配图示说明。

（6）剪裁要求：说明如何正确剪裁面料，包括剪裁形式（手工剪裁或机器剪裁）、剪裁尺寸和形状等。

（7）确认尺寸：标注每个部位的标准尺寸和公差范围，确保成品符合客户要求的尺寸。

（8）特殊需求：记录任何特殊的客户需求或要求，如特定款式的细节处理、装饰品的安装位置等。

（9）整烫及包装要求：描述烫平和整理工艺，包括温度、压力、时间等指标。阐述产品包装方式和要求，包括包装材料、包装数量、标签或吊牌的位置等。

工艺单的签发：工艺单编制完毕后，必须填写制单人、复核人、主管、跟单人、制单日期等。

二、服装生产工艺单样例

服装生产工艺单样例如图2-10所示。

文本：服装生产工艺单

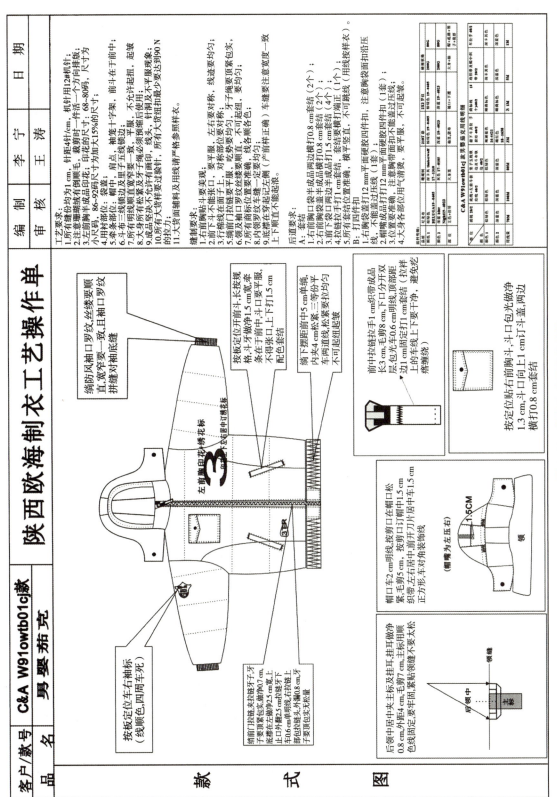

图2-10 服装生产工艺单样例

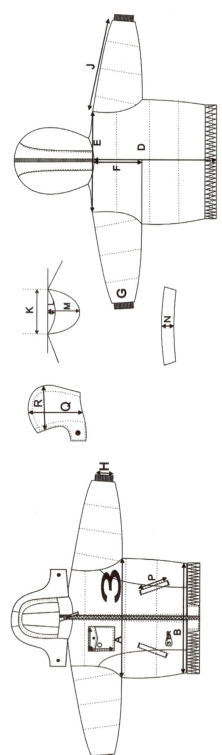

C&A W09owtb01cj款男婴茄克成品规格表

单位：厘米

	部位	68#	74#	80#	86#	92#	公差（+ -）
A	胸围	66	68	70	72	74	0.5
B	下摆	53.5	55	56.5	58	59.5	0.5
C	下摆和袖口罗夫高	4	4	4	4	4	0.3
D	后中长	30	32	34	36	38	0.5
E	肩中宽	27	28	29	30	31	0.2
F	袖笼深（后中量）	15	15.5	16	16.5	17	0.5
G	平袖口罗纹袖口	22	23	23	24	24	0.2
H	防风罗纹袖口	11	12	12	13	13	0.3
I	防风罗纹高	3	3	3	3	3	0.2
J	袖长由肩点	23	25	27	29	31	0.5
K	领宽	14.5	15	15	15.5	15.5	0.3
L	前领深	6	6	6.5	6.5	6.5	0.5
M	后领深	1.5	1.5	1.5	1.5	1.5	0.5
N	后中领高	4	4.5	4.5	4.5	4.5	0.5
O	胸袋宽×高	7X7.5	7.5X8	7.5X8	8X8.7	8X8.7	0.2
P	前下袋长	8.5	9	9	9.5	9.5	0.2
Q	帽高	22	23	24	25	26	0.3
R	帽宽	19.5	20	20.5	21	21.5	0.2
	前中拉链长度	30	32	34	36	38	-----
	帽口 2cm 松紧（毛）×2个	5	5	5	5	5	-----
	下摆松紧（毛）×1个	45.5	47	48.5	50	51.5	-----

图 2-10 服装生产工艺单样例（续）

模块二
鞭辟入里　部件解构篇

项目三
趣味转省　衣身结构设计

项目描述

服装由衣身、领、袖三大部件构成。上装原型是衣身款式变化的基础,"省道"是衣身结构设计中重要的技术手段,通过衣身"省道"的转移、结合分割、褶皱等造型手段,得到丰富的衣身款式。本项目内容包括服装原型的概念、制图方法及以原型为基础的各种衣身结构变化——基础省道转移、不对称省道的转移、双省道的转移、省道与褶的结合应用等。辅助运用省道转移实操演示、3D 省道转移示例、缝制的成衣等各种资源,使学习者能够正确分析衣身结构变化,并能灵活运用省道转移方法实现衣身款式。

学习目标

知识目标:

1. 了解原型的分类及女上装原型的结构形式;
2. 掌握女上装原型的制图步骤及方法;
3. 了解肩省转移、袖窿省转移、领省转移等各种省道转移名称;
4. 掌握省道转移原理及省道转移的操作方法。

能力目标:

1. 学会根据款式造型、服装品类配置不同的上装原型(如女衬衫原型、女西装原型);
2. 能够掌握原型平面样板与立体成衣的转化原理,并能够在各类服装中变通应用;
3. 能够正确分析衣身结构变化,并能够运用省道转移方法实现衣身款式。

素养目标：

1. 通过了解我国"东华原型"的研发过程，培养文化自信、创新意识；
2. 通过原型平面样板与成衣实物的深入解析，培养辩证思维能力及独立思考能力；
3. 通过大量省道转移的具体实践，培养精益求精、知行合一的实践精神。

晓理近思

1. 目前我国国内应用较多的女上装原型有日本文化式原型、东华大学研发的东华原型等，请扫描二维码阅读材料"从依赖他国到自主研发的中国原型"，思考以下问题：

    1）我国自主研发原型的意义何在？

    2）一种服装原型需经过多次持续性修订才能在生产中应用，从中你读到了什么精神，受到了什么启发？

文本：从依赖他国到自主研发的中国原型

2. 省道是塑造服装立体造型的关键，请扫描二维码阅读材料"二维平面到三维立体旗袍转变的关键结构'省道'"，思考以下问题：

    1）为什么旗袍成为代表东方文化的符号？

    2）省道在旗袍的版型发展中起到了什么作用？

文本：二维平面到三维立体旗袍转变的关键结构"省道"

3. 通过扫描二维码阅读材料"认识女上装的各种省道形式"，思考并作答：通过日常观察，服装中主要有哪些省道形式？

PPT：认识女上装的各种省道

任务一　女上装原型的制图

任务导入

原型是服装构成与样板设计的基础，本任务通过学习服装原型的概念、分类及具体的制图方法，使学生学会女上装原型的制图步骤，并通过课程团队配套制作的原型成衣，进行平面样板与立体成衣的对比分析，使学生能够理解平面制图与立体造型之间的转化关系，能够根据款式造型、服装品类配置不同的上装原型，并能够逐步在各类服装中变通应用。

图 3-1 所示为课程团队针对本书使用的原型样板配套制作的成衣，分析其款式有什么特点，由哪些分割缝缝合而成，分割缝对于款式造型来说起到了什么作用，分析合体服装衣身构成中，想要达到衣身的合体形态必须的结构是什么。

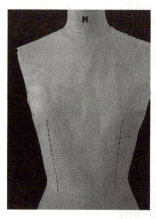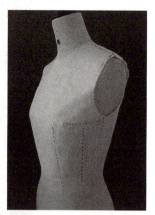

图 3-1　原型成衣

知识储备

一、服装原型的概念及分类

服装原型是以人的净尺寸数值为依据，将人体平面展开后加入基本放松量制成的服装基本型。然后，可以此为基础进行各种服装衣身款式变化。原型又称基础型，只是服装平面制图的基础，不是正式的服装裁剪图。

当前我国服装行业中使用的女装原型种类众多，可按以下方式分类：

（1）按原型构成时的立体形态可分为梯型、箱型、贴合型（见图 3-2）；

（2）按原型使用对象性别、年龄可分为男装原型、女装原型、童装原型；

（3）按覆盖部位可分为衣身原型、衣袖原型、裙装原型。

目前，国内应用较多的女上装原型是日本文化式原型、东华大学研发的东华原型。从 20 世纪 80、90 年代开始，越来越多的中国人认识到中国是一个服装大国，不能长期依赖别国的原型技术，东华大学在 1988 年开始了中国服装原型的研究，推出了东华原型。

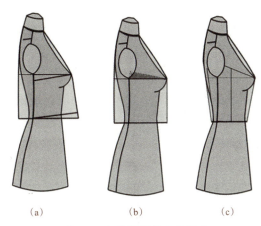

图 3-2 各种原型的立体形态
(a) 梯型；(b) 箱型；(c) 合贴型

二、女上装原型介绍

在本书中采用的女上装原型如图 3-3 所示，是在东华原型的基础上，结合企业需求，兼顾原型的合体性和实用性，在多年的实践教学及生产应用基础上总结形成的。该女上装原型的特点如下：

（1）采用胸度法制图，以简化尺寸测量；
（2）前后片的腰围线设计在同一水平线，基础省（或称胸省）取在腋下位置，方便使用；
（3）加放较少的放松量，增强立体造型和合体度。

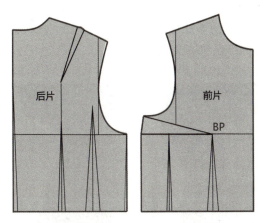

图 3-3 女上装原型平面样板

三、女上装基础原型的结构线名称

如图 3-4 所示为女上装基础原型的结构线名称。竖向的三条线分别为后中线、前中线、侧缝线；横向的两条线分别为胸围线（BL 线）、腰围线（WL 线）。后身宽、前身宽、领口部位的线分别称作后领宽、后领深、前领宽、前领深、后领口弧线、前领口弧线。肩斜线、前肩线、后肩线、肩点（SP），前袖隆线（FAH）、后袖隆线（BAH）、背宽线、胸宽线。另外，还有几个需要注意的点，胸高点（BP）、前颈点（FNP）、后颈点（BNP）、侧颈点（SNP）等。

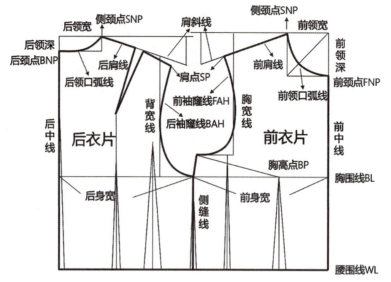

图 3-4　女上装原型结构线名称

任务实施

一、女上装原型的制图

（一）款式特点

如图 3-5 所示为本书应用的女上装原型缝制成衣的实拍图，衣身长至腰围线，无领无袖，合体收腰，保留腋下省、两个前腰省和两个后腰省。

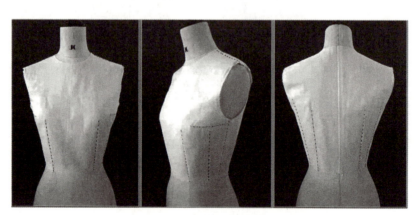

图 3-5　女上装原型缝制成衣实拍图

微课：女上装衣身原型的结构设计与制图（上）

微课：女上装衣身原型的结构设计与制图（下）

（二）规格设置

原型规格设置表如表 3-1 所示。

表 3-1　原型规格设置表

号型	部位名称	胸围 /cm	后腰节长 /cm	肩宽 /cm	腰围 /cm
160/84A	净体尺寸	84（净）	40	38	68
	成品尺寸	92	40	38	76

（三）女上装原型制图

1. 框架线的制图

（1）如图 3-6 所示，竖向绘制腰节长 40 cm，横向绘制水平线 $B/2+1.5$（样板损耗量）。1.5 cm 的样板损耗量的取值要根据款式具体分析，这里取值 1.5 cm 是根据传统经典的八片女西装款式预估的样板损耗量。绘制上平线，后片上平线与前片上平线间距为 0.8～1 cm，量取后领深 2.5 cm，继续向下量取 $2B/10+3$ cm，绘制横向胸围线，等分为后身宽、前身宽。绘制侧缝线、前中线。绘制后领宽，取净 $B/20+3.5$，标记为 *。前领宽取 *-0.5，前领深与前领宽取值相同。BP 位置在胸围线与前中线的交点向内量取净 $B/10$。

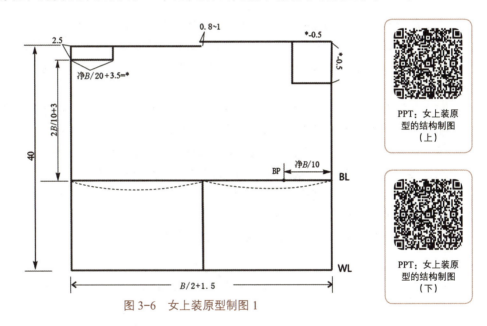

图 3-6　女上装原型制图 1

（2）如图 3-7 所示，胸省（基础省）的绘制：量取 BP 至侧缝的水平距离作为胸省的一条省线，以 BP 为基点，胸省大小取 3.5 cm，两条省线相等。

（3）如图 3-7 所示，前后肩线、后背宽、前胸宽的绘制：从后片的侧颈点水平量取后肩斜线，从前片的侧颈点水平量取 15 cm，继续垂直向下量取 5.8 cm，确定 15 cm，然后垂直向下量取 4.8 cm，确定前肩斜线，后片上量取肩宽 $S/2$。与肩斜线的交点即后肩点，后肩点水平向内 1～1.5 cm 绘制后背宽，前胸宽是在后背宽的基础上减去 1.5 cm。量取前肩线长 = 后肩线长，标记前、后肩点。

2. 内部线的绘制

（1）如图 3-8 所示，后领口弧线：首先将后领宽三等分，一个等分点和侧颈点相连，绘制领口弧线，后领口弧线与后中线成垂直状态。

（2）后肩省：从后颈点竖直向下量取 10 cm 做水平线交于背宽线，取这条横线的二等分点并向右移动 1 cm。从这一个点做后肩线的垂线，肩省宽度为 1.5 cm，肩省的两条省线要相等。

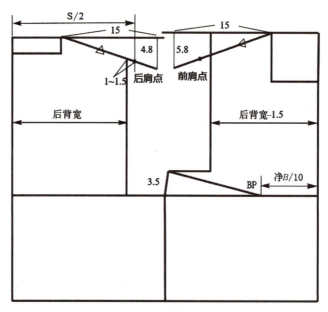

图 3-7　女上装原型制图 2

（3）后袖窿弧线：首先量取背宽线到侧缝线的距离，并且三等分，取一等分标记·，在 45° 斜线上量取·+0.8 cm，背宽线取二等分，依次连点成圆顺的弧线，后袖窿弧线绘制完成。

（4）前领口弧线：首先连接领口框的对角线，取三等分，最后一个等分点向内 0.5 cm，绘制圆顺的前领口弧线。

（5）前袖窿弧线：量取前肩线等于后肩线长度，确定前肩点。过前肩点作胸省上省线的平行线，测量前肩点至胸省上省线的垂直距离的 1/3，并以此作胸省上省线的平行线，相交于胸宽线 A 点，从这个交点 A 作胸省上省线的垂线，并延长与上平行线相交，取斜线的三等分点，第一等分点与肩点连接，第二等分点（也就是斜线与胸宽线的交点）与肩点连接，作小垂线 BC，在 45° 斜线上量取·+0.3，连接肩点、小垂线 BC 的二等分点、与胸宽线的交点 A，45° 斜线上的点至侧缝的端点。前片的袖窿弧线绘制完成。

（6）此时的衣片未收腰省，因此，成衣呈现箱型状态，如图 3-8 所示。

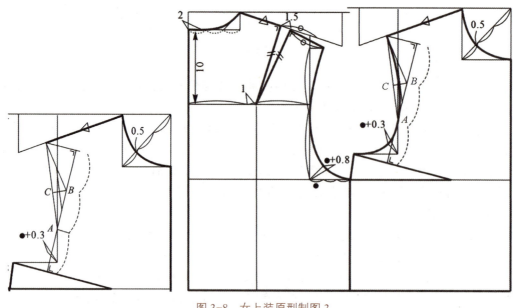

图 3-8　女上装原型制图 3

（7）腰省的分配：首先计算胸腰差量，并将胸腰差量按图示比例合理分配。女上装原型制图完成，如图 3-9 所示。

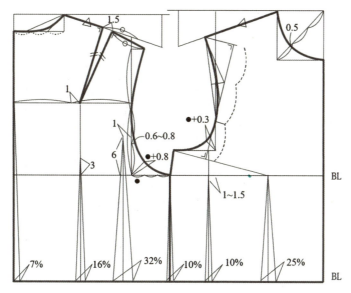

图 3-9　女上装原型完成图

二、女上装原型的检验

如图 3-10 所示，将原型肩线对齐，观察领口是否顺直、观察袖窿是否顺直并调整；将原型侧缝对齐，观察袖窿底部是否顺直并调整。

微课：女上装原型 CAD 实操

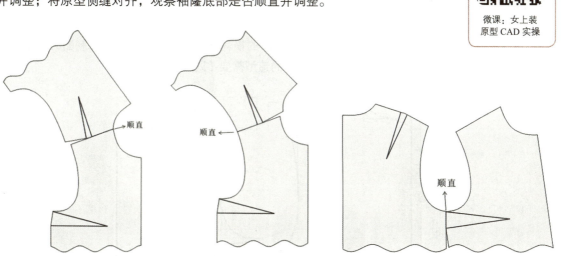

图 3-10　女上装原型的检验

技能拓展

一、有肩省女衬衫的原型制图

服装款式千变万化，因此，女上装原型在应用时，要根据服装的款式特征、规格尺寸、风格特色进行具体分析，合理应用。如图 3-11 所示，在合体有肩省的女衬衫的制版中，样板损耗量预估为 0.7 cm 左右，肩省大小取长度 8.5 cm，宽度 1.2 cm，如这些数据发生变化，可以直接按照更改的数据绘制原型。

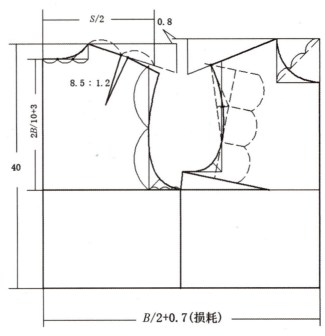

图 3-11　有肩省女衬衫的原型制图

二、无肩省八片女西装的原型制图

八片女西装的衣身分割缝较多，预估需要 1.5 cm 的损耗量。无肩省的服装，在制图时，要使后肩线大于前肩线 0.5～0.7 cm，以满足肩胛骨凸起的造型需要（见图 3-12）。

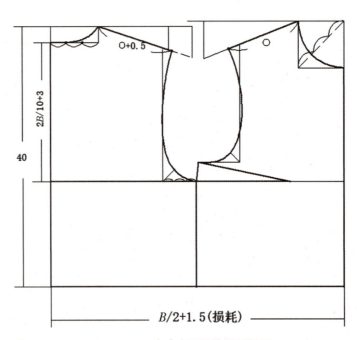

图 3-12　无肩省女西装的原型制图

任务评价

在女上装原型的制图任务结束后进行评价,任务评价结果请填写在表 3-2 中。

表 3-2 女上装原型的制图任务评价表

班级			姓名			学号	
工作任务							
项目	内容		技术要求	配分	评分标准	学生自评（40%）	教师评分（60%）
原型	原型结构	1	肩宽、胸围、腰围符合规格尺寸	15	缺一扣 3 分		
		2	公式运用正确、比例恰当	15	根据偏差适当扣分		
		3	腰省位置及分配比例是否准确	10	不规范适当扣分		
		4	肩胛省结构是否合理	10	不规范适当扣分		
	原型形态	5	BP 位置及基础省结构是否合理	10	不规范适当扣分		
		6	原型形态是否美观合理	10	根据美观度适当扣分		
		7	领口、袖窿部位形态是否美观、合理	10	根据美观度适当扣分		
工具使用		8	服装 CAD 软件应用的准确度、熟练度或绘图工具使用的准确度、熟练度	10	不规范适当扣分		
工作态度		9	行为规范、态度端正	10	不规范适当扣分		
综合得分							

巩固训练

1. 思考并说一说不同款式的服装在应用上装原型时，需要注意哪些问题。
2. 绘制出有肩省女衬衫的原型制图。

任务二　基础款省道转移

任务导入

平面衣料包覆人体的复杂曲面时会形成多余的量,需要将其捏合缝纫成暗褶,称之为"省"。就是说,省道的主要功能是使衣片或服装的曲线与人体的曲面相吻合,达到修身美观的造型需要,因此,省道的利用是女装造型设计中重要的技术手段。在本任务中,主要讲述女上装省道转移,并通过对女上装原型省道转移的操作,形成各种省道形式,如领省、肩省、袖窿省、腋下省、腰省、前中省等。几乎所有服装变化款式的样板都是基于省道转移完成的。

扫描二维码观看3D虚拟成衣视频(见图3-13),观察3D虚拟成衣中的缝合线不同而形成的不同款式造型,并分析在合体服装衣身构成中,想要达到衣身的合体形态所必需的结构是什么?

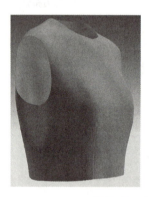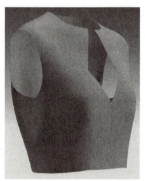

图 3-13　3D 虚拟成衣

视频:肩省式　　　　视频:领省式
虚拟成衣　　　　　虚拟成衣

知识储备

一、省道的概念及作用

女性体型的典型特征是胸部与臀部凸起、腰部收细的曲面形态。服装是人体的外包装,将平面的布包覆在复杂的人体表面,要想达到与人体起伏变化一致的合体状态,必须通过一定的缝制工艺方法将多余的面料收掉,这种处理方法即收省。在服装制图中,这些需要消掉部分的绘图形式就是省道(见图3-14)。

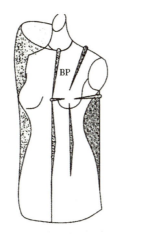

图 3-14　人体表面曲面形态形成的省道

省（dart）是指将人体躯干部位的凹凸型之间的多余量缝合，也称为省道。不同位置分别称为领省、肩省、袖窿省、腋下省等。省道是服装中不可缺少的结构处理方法之一。

二、省道转移的概念、名称及呈现形式

以女上装的前衣片为例，以胸部最高点BP为圆心，将面料抚平，多余的面料在腰部收省形成腰省；也可围绕BP向上抚平，多余的面料在肩部收省，形成肩省；也可将多余的面料抚平至肩部和腰部，以两个省的形式出现。这种转移方法称为省道转移。围绕着BP，根据服装款式设计要求，360°范围内都可以进行省道的转移，转移到腋下的省道称为腋下省；转移到袖窿的省道称为袖窿省；转移到肩部的省道称为肩省；转移到领口的省道称为领口省；转移到前中的省道称为前中省；如图 3-15 所示。

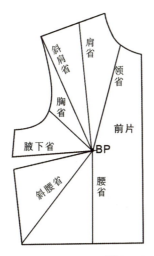
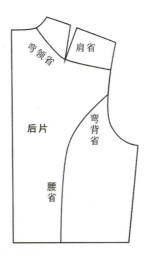

图 3-15　省道部位及名称

省在服装上的呈现形式主要有死省、活省和半活省三种。顾名思义，全部缝死的为死省；用熨斗烫倒不缝线的为活省，也称活褶，活褶的形式可以有倒褶、对褶和碎褶三种，图 3-16 分别是倒褶、对褶、碎褶形式的表示方法；缝死一部分，不缝一部分的省为半活省。

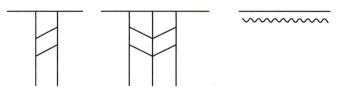

图 3-16　倒褶、对褶、碎褶的表示方法

三、省道转移的方法

省道转移的方法最常用的有旋转法、剪开法两种。

1. 旋转法

将新省道位置与 BP 点连线，按住 BP 点不动，逆时针旋转纸样，直到原基础省完全合并为止，描画从新省道到原省道之间的轮廓线。这种方法较多应用于直线型省道（见图 3-17）。

以基础省转移成领省为例。在需要开省的位置做一个记号，按住 BP 点，逆时针旋转纸样，直到胸省完全合并为止，从变动的记号点开始，描画至记号起点，变动点与记号起点分别与 BP 点相交形成新的领省道。

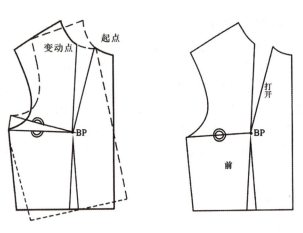

图 3-17　旋转法省道转移

2. 剪开法

将新省道位置与 BP 点连线，沿这条线剪开，闭合原来的省道，省量就转移到剪开处，完成转移（见图 3-18）。

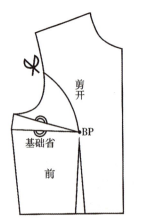
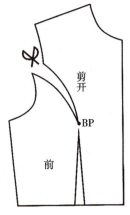

图 3-18　剪开法省道转移

以基础省转移成袖窿省为例。在原型纸样上画一个刀背形状的袖窿省，然后用剪刀延刀背线剪开到 BP 点，再用剪刀剪开基础省至 BP 点，将基础省逆时针转动，直到基础省完全合并为止，袖窿处被移开的省为新的袖窿省。

任务实施

无论省道如何转移，成衣要想达到修身合体的效果，省总量的最大值是不变的，从原型前片上看，省的总量就是胸凸量（胸省）加胸腰差量，胸腰差量包括省1、省2、省3的总和。无论如何分配省的数量、位置和大小，省总量都不能超过最大值（见图 3-19）。

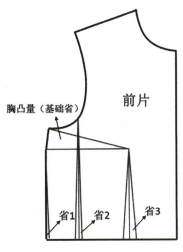

图 3-19　合体原型前片的省总量

微课：魔法般有趣的女上装省道转移——基础款省道转移

PPT：衣身省道转移——全省与部分省转移

一、前衣身基础款省道转移

省道在服装上呈现不同的造型形式，根据款式需要，在服装的前片上，围绕胸部最高点 BP 点，360° 范围内都可以进行省道的转移。常见的服装款式基本省道形式有领省、肩省、袖窿省、腋下省、前中省等。对于合体服装而言，无论省道如何转移，其主要目的是为了塑造女性起伏变化的曲线形态，因此，要兼顾省缝与人体凹凸起伏的契合度和美观性。

需要特殊说明的是，为了缝制后服装表面柔和平整，样板中的省尖要调整到距离 BP 点 3 cm 的位置，省道的绘制才算完成。

（1）肩省转移如图 3-20 所示。

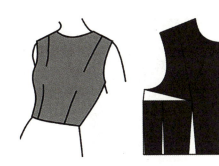

图 3-20　肩省转移

（2）领口省转移如图3-21所示。

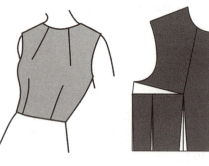

图3-21　领口省转移

（3）袖窿省转移如图3-22所示。

图3-22　袖窿省转移

（4）前中省转移如图3-23所示。

图3-23　前中省转移

二、后衣身基础款省道转移

过肩分割造型如图3-24所示。

图3-24　过肩分割造型省道转移

图 3-24　后衣身基础款省道转移（续）

技能拓展

前中心省的转移与应用：在前中心省道转移的基础上，将断开缝通至袖窿，衣片形成上下两部分（见图 3-25、图 3-26）。

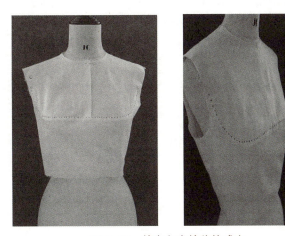

图 3-25　前中心省转移的成衣

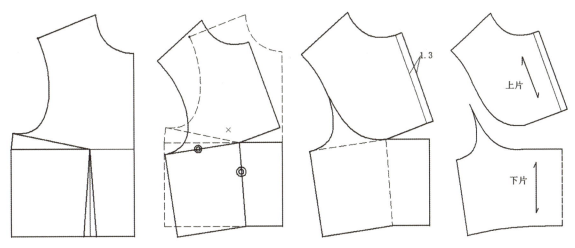

图 3-26　前中心省转移过程

任务评价

在基础款省道转移任务结束后进行评价,任务评价结果请填写在表 3-3 中。

表 3-3 基础款省道转移任务评价表

班级						姓名	
工作任务						学号	
项目	内容		技术要求	配分	评分标准	学生自评（40%）	教师评分（60%）
结构制图	原型结构制图	1	衣身结构是否准确、合理	10	根据偏差适当扣分		
		2	领口结构是否准确、合理	5	根据偏差适当扣分		
		3	胸省位置、结构是否准确	5	不规范适当扣分		
		4	腰省位置、结构是否准确	5	不规范适当扣分		
		5	肩胛省结构是否合理	5	不规范适当扣分		
	结构转化步骤	6	结构转化设计方案是否准确	10	根据偏差适当扣分		
		7	结构转化步骤是否合理	10	不规范适当扣分		
		8	符号标准、文字说明是否准确	5	根据美观度适当扣分		
	整体造型	9	款式廓形与结构细节处理是否合理	10	根据美观度适当扣分		
		10	线条是否清晰、流畅、美观	10	根据美观度适当扣分		
		11	是否能表达自己的设计思考	10	根据表现适当扣分		
工具使用		12	服装 CAD 软件应用的准确度、熟练度或绘图工具使用的准确度、熟练度	10	不规范适当扣分		
工作态度		13	行为规范、态度端正	5	不规范适当扣分		
综合得分							

巩固训练

1. 你所了解的基础省道转移有哪些？
2. 你了解"刀背缝"结构吗？请依据省道转移原理绘制出刀背缝的结构制图。

任务三　变化型省道转移

任务导入

在女上装原型的基础上，可以产生各种更为复杂的变化型省道转移形式。不对称造型、双省道造型、省道与褶的结合应用造型等，这些形式更富有设计感和趣味性。不对称造型的省道转移通常需要在整个前片衣身或整个后片衣身上进行设计，才能更好地把握整体造型结构；双省道及多省道的省道转移形式是最富有韵律美感的结构形式；省道与碎褶、褶裥结合应用的造型则富有灵动的女性化特色。本任务通过对不对称造型、双省道及多省道造型、省缝与褶皱组合造型的结构解析，帮助学习者学习更为复杂的衣身变化结构。

观察图 3-27 所示的鱼钩省造型，从装饰的角度和结构功能的角度，说一说鱼钩造型在这里起到什么作用。

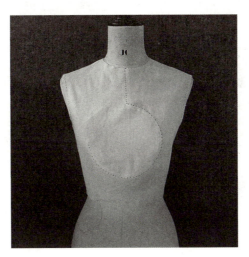

图 3-27　鱼钩省造型

知识储备

一、不对称造型的省道形式

对称的服装传递出内敛、端正、稳重、大方的含蓄美，不对称的服装则表现出个性、时尚、艺术、现代的张扬美。不对称的省道形式作为一种设计手法，一方面起到装饰造型作用；另一方面，通过省道合理处理人体起伏的结构需要。如图 3-28 和图 3-29 所示为不对称斜袖窿省道形式及鱼钩省造型两个款式。

 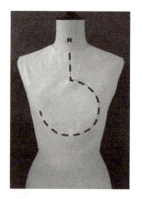

图 3-28　不对称斜袖窿省道的变化应用　　　图 3-29　鱼钩省造型

二、双省道及多省道形式

省道转移的呈现形式还可以更巧妙、更丰富：省道可以以单省道的形式出现，也可以以平行双省道的形式出现，来体现服装的韵律美，如图 3-30 所示。

多省道形式是将基础省道合理地分配到多条平行省缝中，造型较为复杂，应用时要注意兼顾服装表面的平展流畅，这种形式在服装中应用较少，如图 3-31 所示。

图 3-30　领口双省道造型　　　图 3-31　前中多省道造型

三、省道与褶的结合应用形式

省道在服装上的呈现形式，可分为缝子的形式和褶裥或碎褶的形式。前者是缝死的死褶，后者是活褶的形式。褶裥或碎褶的造型更富有灵动的女性化特色，常用于休闲的女衬衫、连衣裙中，如图 3-32 所示。

图 3-32　褶与省道的结合应用

任务实施

微课：魔法般有趣的女上装省道转移——不对称省转移

PPT：衣身省道转移——省的变形与省移

一、不对称造型的省道转移

（1）不对称人字省如图 3-33 所示。

图 3-33　不对称人字省道形式

（2）不对称斜袖窿省如图 3-34 所示。

图 3-34　不对称斜袖窿省道形式

二、双省道的省道转移

（1）双领口省道转移如图 3-35 所示。

图 3-35　双领口省道转移

（2）双腋下省道转移如图 3-36 所示。

图 3-36　双腋下省道转移

（3）双曲线肩省道转移如图 3-37 所示。

图 3-37　双曲线肩省道转移

三、省道与褶的结合应用造型的省道转移

（1）领口碎褶结构转移如图 3-38 所示。

图 3-38　领口碎褶结构转移

（2）腋下褶结构转移如图 3-39 所示。

图 3-39　腋下褶结构转移

（3）领口分割碎褶结构转移如图 3-40 所示。

图 3-40　领口分割碎褶结构转移

（4）腰省加褶结构转移如图3-41所示。

图3-41　腰省加褶结构转移

技能拓展

一、不对称斜袖窿省道形式及鱼钩省造型

请扫描二维码，根据动画视频进行实践操作，完成不对称斜袖窿省道形式及鱼钩省造型（见图3-28、图3-29）两款造型的样板。

二、多省道形式——前门襟直线省转移

多省道形式——前门襟直线省转移，如图3-42所示。

图3-42　前门襟直线省转移

三、多省道形式——前中多省道转移

多省道形式——前中多省道转移，如图3-43所示。

图 3-43　前中多省道转移

四、用成衣思维思考结构合理性

学会省道转移的结构原理是学习服装制版的基础。在实际生活中，衣身外观的呈现形式更加复杂多变，需要我们用成衣思维、立体思维综合思考。一是结构线和装饰线混合设计在同一服装中，有时会混淆我们的思考。在这种情况下，首先进行款式结构的分析，确认哪一条是有塑型作用的结构线，哪一条是美化服装的装饰线，或两条都属于有塑形作用的结构线，如图3-44所示，在解决具体问题时，要结合服装的具体形态来具体分析。例如，将鱼钩省应用在合体"X"形服装中，与应用在休闲"H"形服装中相比较，前者所要转移处理的胸省量和腰省量都要大于后者，因此，充分理解、把握服装整体廓形是进行省道转移结构转化的前提。

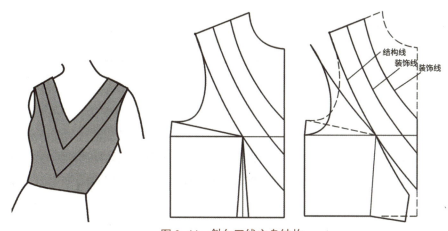

图 3-44　斜向三线衣身结构

 小贴士

用美学思维指导进行服装结构转化

在现代社会中，穿着服装的作用已不仅是御寒保暖，人们追求美好、时尚、个性的服装，对服装细节的要求也越来越高。服装想要契合目标消费者群体的需求，只有娴熟的制版技术是远远不够的。现代服装的发展对服装制版师提出了更高的要求，其既要具备过硬的制版技术，又必须具有把握时尚流行的美学思维，在制版时要能够理解设计师的设计意图，根据流行时尚合理设计服装松量，肩、腰、下摆之间的廓形关系，衣身线条的造型美感等。可以说，一件服装的成败，一个品牌的成败，其中的核心技术是由设计师和制版师共同配搭支撑的。

任务评价

变化型省道转移任务结束后进行任务评价，任务评价结果填写在表 3-4 中。

表 3-4 变化型省道转移任务评价表

班级						姓名	
工作任务						学号	
项目	内容		技术要求	配分	评分标准	学生自评（40%）	教师评分（60%）
结构制图	原型结构制图	1	衣身结构是否准确、合理	10	根据偏差适当扣分		
		2	领口结构是否准确、合理	5	根据偏差适当扣分		
		3	胸省位置、结构是否准确	5	不规范适当扣分		
		4	腰省位置、结构是否准确	5	不规范适当扣分		
		5	肩胛省结构是否合理	5	不规范适当扣分		
	结构转化步骤	6	结构转化设计方案是否准确	10	根据偏差适当扣分		
		7	结构转化步骤是否合理	10	不规范适当扣分		
		8	符号标准、文字说明是否准确	5	根据美观度适当扣分		
	整体造型	9	款式廓形与结构细节处理是否合理	10	根据美观度适当扣分		
		10	线条是否清晰、流畅、美观	10	根据美观度适当扣分		
		11	是否能表达自己的设计思考	10	根据表现适当扣分		
工具使用		12	服装 CAD 软件应用的准确度、熟练度或绘图工具使用的准确度、熟练度	10	不规范适当扣分		
工作态度		13	行为规范、态度端正	5	不规范适当扣分		
综合得分							

巩固训练

1. 不对称结构的服装与对称式结构的服装在进行衣身结构变化操作时应该注意什么？
2. 你了解"y 形分割"结构吗？试画出款式图，并依据不对称省道转移原理绘制结构制图。
3. 双省道、多省道结构的服装与单省道结构的服装，在进行衣身结构变化操作时应该注意什么？
4. 完成下列省道结构转移。

要求：（1）女上衣原型结构准确；
　　　（2）结构转化步骤完整；
　　　（3）线条清晰、流畅；
　　　（4）符号标注、文字说明准确。

项目四
百变袖型 一片袖的结构设计

项目描述

一片直袖和一片弯袖是常规衬衫中应用较为广泛的袖型,也是其他变化型一片袖的基础。本项目内容包括这两种基础袖型的结构制图方法及各种变化袖型的结构转化应用。本着严谨治学的态度,课程团队选取了几款特色袖型制作了成衣,以便于同学们通过成衣直观理解褶量数据与立体成衣之间的造型关系,辅助运用样板转化实操演示、3D袖型展示等各种动态资源,使学习者能够掌握一片袖的结构原理,并能够灵活应用于泡泡袖、灯笼袖及各种变化型一片袖的制版中。

学习目标

知识目标:

1. 了解袖型的分类及一片袖的概念;
2. 掌握一片直袖、一片弯袖的制图步骤及方法;
3. 掌握大泡泡袖、普通泡泡袖、小泡泡袖的结构原理及制图步骤。

能力目标:

1. 学会根据款式造型配置一片袖型;
2. 能够正确分析一片袖的结构变化,并能够运用样板转化方法实现袖子款式;
3. 能够根据泡泡袖款式造型,合理预估袖山褶量并准确完成泡泡袖样板。

素养目标：

1. 通过缝制"袖子实物"，培养严谨治学、知行合一的实践精神；
2. 通过袖子平面样板与成衣实物的深入解析，培养洞察力、辩证思维能力；
3. 通过各种一片袖案例的具体实践，培养举一反三、深入探究的职业精神。

▶ 晓理近思

1. 衣袖是一种覆盖手臂的服装部件，是服装的重要组成部分，你了解衣袖的发展历史及文化内涵吗？请扫描二维码阅读材料"一片直袖的前世今生""衣袖的文化内涵分析及现代设计应用"，思考：宽衣大袖与窄衣小袖有什么不同的风格特征？两者的版型风格有什么差别？

2. 请扫描二维码阅读材料"丰富多彩的袖子造型"，思考：根据在日常生活中的观察，春夏服装常用什么样的袖型？秋冬服装中常用什么样的袖型？两者有何不同？

3. 泡泡袖指在袖山处蓬起呈泡泡状的袖型，在传统服装设计中，其具有典型的女性化特征。请扫描二维码阅读材料"泡泡袖在现代服装中的设计应用及结构分析"，说一说你所了解的现代服装中的泡泡袖。

任务一　基本款一片袖的结构设计

任务导入

一片袖是一种常见于春夏服装中的袖型，其结构简单、造型宽松，适合变化各种丰富的造型。本任务学习一片直袖、一片弯袖的结构制图方法，并进行各种变化袖型的结构转化应用。

观察图4-1中两款一片式袖型，分析两者的形态有何不同，你更喜欢哪一种袖型呢？说说理由。

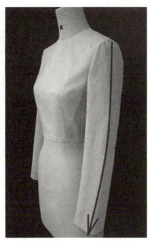

图4-1　两种一片袖的形态

知识储备

一、袖型的分类

在现代服装的袖型款式中，按组装的形式分类，主要分为圆装袖、插肩袖、连身袖三种。圆装袖中有一片袖与两片袖的形式。一片袖的款式变化更为丰富，在春夏季节的衬衫、连衣裙等薄面料的服装中较为多见；两片袖更容易塑造袖型且活动方便，较多地应用于合体的西装、大衣等秋冬服装中（见图4-2）。

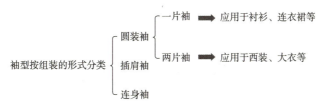

图4-2　袖型按组装的形式分类

二、一片直袖与一片弯袖的款式特点

一片袖型最常见的两种基本形态是一片直袖与一片弯袖。对比两款袖型，会发现其在细节上各有特点，根据款式的需要和功能的需求，在服装应用时进行合理选择。

（1）一片直袖：袖筒呈直线形态，通常下接袖克夫，袖克夫即袖头。一片直袖是男女衬衫款式中的标配袖型，如图4-3所示，风格休闲随意，应用广泛。

（2）一片弯袖：袖筒呈弧线形态，因人体手臂自然下垂时呈现前倾的形态，因此，在直袖样板的基础上，调整袖子的前倾弯势，使其更符合人体手臂结构特点，形成一片弯袖的样板，弯袖相对于直袖袖型稍显合体，风格上略显正式，常应用于正装衬衫中。

图4-3　一片直袖着装图及部位细节

任务实施

一、一片直袖的结构制图

1. 款式特点

一片直袖的基本外观特征是袖子呈直线型，有袖头（袖克夫）和袖开衩，袖子设计1～2个活褶。袖开衩有直条式袖衩和宝剑头袖衩两种。直条式袖衩最早应用在女衬衫中，也称为女士袖衩；宝剑头袖衩最早应用在男衬衫中，也称为男士袖衩。在现代服装中，宝剑头袖衩更精致，深受人们喜欢，因此，在现代女衬衫中应用也越来越广泛（见图4-4）。

图4-4　一片直袖及宝剑头袖衩的3D效果图

微课：一片直袖与合体一片弯袖的结构设计

PPT：一片直袖与一片弯袖的结构制图

2. 规格设计

一片直袖的制图规格表如表 4-1 所示。

表 4-1 一片直袖的制图规格表

号型	袖长 /cm	袖口围 /cm	袖头宽 /cm
160/84A	57	21	4

3. 结构制图

结构制图是在一片袖原型的基础上，加上袖头（袖克夫）、开衩及活褶的设计，如图 4-5 所示。

4. 步骤分解及结构解析

（1）袖长：袖长包括袖子和袖克夫的宽度之和，取（57-4）cm；

（2）袖口宽度设计：袖口围加 5 cm，是在基本袖口围 21 cm 的基础上加上两个活褶的大小。同时，与后袖肥略大于前袖肥的关系相呼应，后袖口可以略大于前袖口 1 cm，因此后袖口取 13.5 cm，前袖口取 12.5 cm；

（3）袖开衩的位置及大小：取后袖口的二等分点作 10 cm 的袖开衩长；

（4）袖山高的取值：此处用公式 AH/3，是较为合体的袖山高公式。根据服装的宽松程度，袖山高公式可以取 [AH/(4+2)～2.5] cm，或者在此基础上，在 AH 数值不变的前提下，适当降低袖山高，加大袖肥。同时，随着袖肥的加大，袖型更加宽松，袖山弧线的曲度也趋向平缓，如图 4-6 所示。

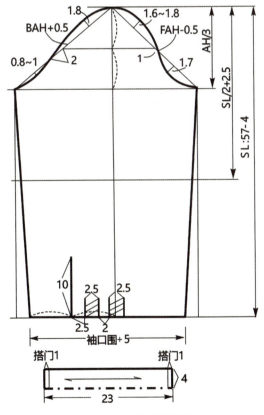

图 4-5 一片直袖的结构制图

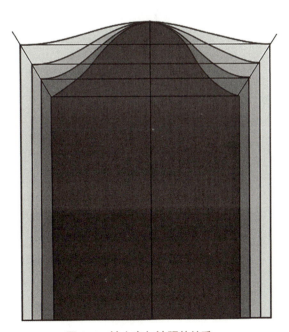

图 4-6 袖山高与袖肥的关系

（5）袖克夫长度设计：设计 23 cm，是在基本袖口围 21 cm 的基础上，加上 2 cm 的搭门量，搭门量是为了钉扣子的叠门需要。

二、一片弯袖的结构制图

1. 款式特点

一片弯袖的基本外观特征是袖子略呈前倾的弯型，可以装缝袖头，也可以不装缝（见图 4-7）。

2. 规格设计

一片弯袖的制图规格表如表 4-2 所示。

图 4-7　一片弯袖成衣实拍图

表 4-2　一片弯袖的制图规格表

号型	袖长 /cm	袖口围 /cm
160/84A	57	25

3. 结构制图

结构制图是在一片直袖样板的基础上，调整袖子的前倾弯势得到弯袖的制图（见图 4-8）。

4. 步骤分解及结构解析

（1）从袖长线与袖口线的交点向前 2.5 cm 作前偏袖量（见图 4-9）。

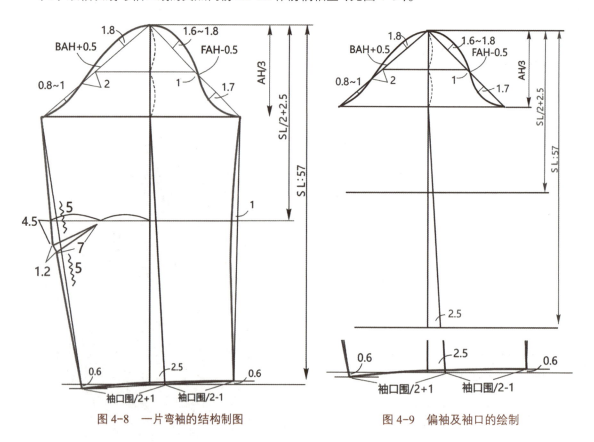

图 4-8　一片弯袖的结构制图　　　　　图 4-9　偏袖及袖口的绘制

（2）从袖口线分别向上 0.6 cm、向下 0.6 cm 作平行线，然后从 2.5 cm 的这个点，向上斜量袖口围 /2-1，向下斜量袖口围 /2+1，顺直连接袖口线。

（3）连接前后袖缝直线，前袖缝内收 1 cm，后袖缝外出 1 cm，绘制顺直的前后袖缝弧线。经过测量会发现，后袖缝弧线大于前袖缝弧线约1.7 cm，前后袖缝要对应缝合，这个差量怎么处理呢？首先可以将差量的2/3作为袖肘省，袖肘省的位置在距离袖中线4.5 cm处，大小约1.2 cm，省尖在后袖的二等分处，省的长度约为7 cm。剩余袖缝弧线差量的1/3，大约是0.5 cm，处理方法是在肘省的上5 cm和下5 cm的范围内，将这0.5 cm的差量作为后袖缝的归缩量来处理，完成一片弯袖的制图（见图4-10）。

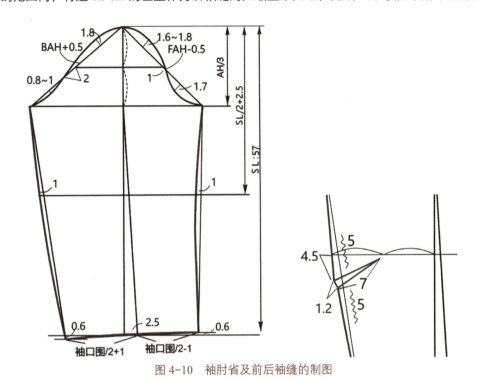

图4-10　袖肘省及前后袖缝的制图

技能拓展

在一片弯袖的基础上，可以变化出很多袖型款式（见图4-11），请思考：根据省道转移原理，横向的袖肘省是不是可以转变成纵向的袖口省？

图4-11　袖肘省与袖口省的款式图

一片弯袖的转化应用如下。

1. 袖肘省转化袖口省形式

如图4-12所示，在袖肘省一片弯袖的基础上，通过剪开通向袖口的线，合并袖肘省，可以变化成袖口省形式。

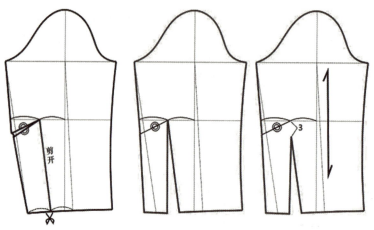

图 4-12　袖肘省转袖口省的纸样转化过程

2. 一片袖转化两片袖

如图 4-13 所示,在袖口省一片弯袖样板的基础上,从省尖向上顺势设计剪开线至后袖山弧线,修顺大小袖缝线,并沿大小袖缝剪开,一片袖转化为两片袖形式。但是这种两片袖与西装、大衣中的两片袖的分割形式有所不同,如图 4-14 所示,其腋下的断开缝与一片袖中的袖缝位置相同,依然是从袖窿最低点断缝。因此,这种袖子形式依然归属一片袖的范畴,在衬衫、夹克衫等休闲服装中应用广泛。

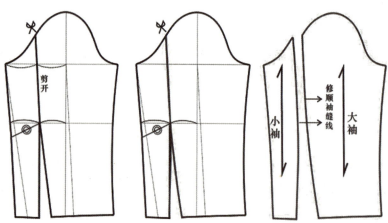

图 4-13　一片袖转两片袖的纸样转化过程

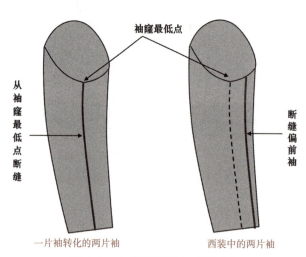

图 4-14　两种两片袖的造型对比

小贴士

在一片袖型的转化过程中,无论省道如何转移,数据如何变化,制图的基本原则不能变,如袖山弧线、袖缝线、袖口线的绘制,都要符合人体对应部位的曲线变化形态,线条要顺直平滑。如图4-13所示的一片袖转化两片袖的制图中,设计好剪开线的位置后,要将大小袖缝分别调整顺直平滑,以此确保缝制成衣后,袖缝外观平滑、流畅。

3. 各种变化袖型款式

在袖肘省一片弯袖纸样的基础上,结合分割线的设计,进行肘省的转移,得到各种袖型变化款式。

(1)横向分割一片袖的款式图与结构转化过程如图4-15所示。

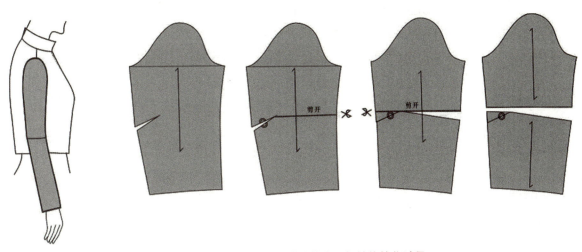

图4-15 横向分割一片袖的款式图与结构转化过程

(2)斜向分割一片袖的款式图与结构转化过程如图4-16所示。

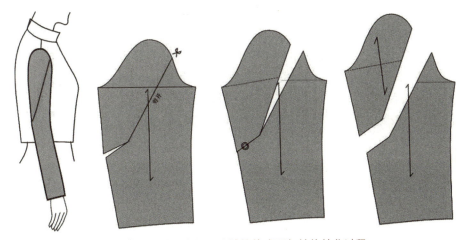

图4-16 斜向分割一片袖的款式图与结构转化过程

任务评价

在基本款一片袖的结构设计任务结束后进行评价,任务评价结果请填写在表 4-3 中。

表 4-3 基本款一片袖的结构设计任务评价表

班级						姓名	
工作任务						学号	
项目	内容		技术要求	配分	评分标准	学生自评（40%）	教师评分（60%）
结构制图	一片袖结构制图	1	袖身结构是否准确、合理	10	根据偏差适当扣分		
		2	袖山结构是否准确、合理	10	根据偏差适当扣分		
		3	袖口位置、结构是否准确	10	不规范适当扣分		
	结构转化步骤	4	结构转化设计方案是否准确	10	根据偏差适当扣分		
		5	结构转化步骤是否合理	10	不规范适当扣分		
		6	符号标准、文字说明是否准确	5	根据美观度适当扣分		
	整体造型	7	款式廓形与结构细节处理是否合理	10	根据美观度适当扣分		
		8	线条是否清晰、流畅、美观	10	根据美观度适当扣分		
		9	是否能表达自己的设计思考	10	根据表现适当扣分		
工具使用		10	服装 CAD 软件应用的准确度、熟练度或绘图工具使用的准确度、熟练度	10	不规范适当扣分		
工作态度		11	行为规范、态度端正	5	不规范适当扣分		
综合得分							

巩固训练

1. 简述一片直袖与一片弯袖的袖型特点。
2. 准确绘制一片直袖和一片弯袖的结构制图，并能转化设计各种袖型。

要求：（1）分别用 1∶5 或 1∶1 的比例进行制图，能够用服装 CAD 软件进行绘图；

（2）理解结构原理，公式运用准确，尺寸设计合理；

（3）结构线顺滑清晰，明确裁剪的结构线及轮廓线。

任务二　一片袖的结构变化应用

任务导入

在一片袖原型的基础上，运用抽褶、打裥、设置分割线等手法，使衣袖既能满足款式造型的需求，时尚优美，又能让手臂舒适运动。经典一片袖型在设计师的手中演绎出各种各样的造型（见图4-17）。其中，一种女性特有的经典袖型就是泡泡袖。本任务让我们一起解读泡泡袖及其变化袖型的结构设计。

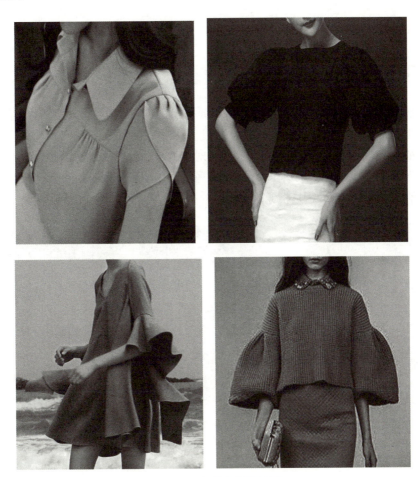

图4-17　各种变化的袖型

观察图 4-18 中两款不同的袖型，思考样板怎样变化才能得到袖山的褶量和袖口的褶量？

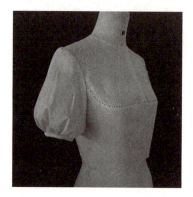 

图 4-18　泡泡袖与灯笼袖

知识储备

一、泡泡袖与灯笼袖的概念

（1）泡泡袖。泡泡袖，顾名思义，是指在袖山处蓬起呈泡泡状的袖型，富于典型的女性化特征。其特点是袖山处宽松而鼓起，缝接处有或多或少的褶。

（2）灯笼袖。灯笼袖是与泡泡袖袖山的褶皱相对应的，是袖口处通过褶皱泡起的袖型，因形似灯笼而得名。泡泡袖与灯笼袖两者如同孪生姊妹，通常一起应用于袖子的造型设计中。无论褶皱量处在袖山还是袖口，其结构原理都是相通的（见图 4-19）。

图 4-19　各种灯笼袖型

二、泡泡袖的结构原理

泡泡袖，一是在袖山弧线上要加入褶量，二是袖山要膨起，因此，一方面要加大袖山弧线的长度以满足褶量需求；另一方面要适当加长袖长，以满足袖子膨起需要的立体量，如图 4-20 所示。

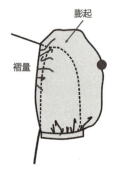

图 4-20　泡泡袖款式结构图

任务实施

微课：一片袖的款式变化——泡泡袖的结构设计

PPT：一片袖的款式变化——泡泡袖的结构设计

一、泡泡袖的结构制图

按照褶量的大小和膨起的程度，将泡泡袖分为大泡泡袖、普通泡泡袖和小泡泡袖三种。

（一）大泡泡袖的结构制图

1. 款式特点

羊腿袖是常见的一种大泡泡袖，其造型特点是上端褶量很大，造型夸张，下端紧瘦，形似羊腿造型。大泡泡袖的款式如图4-21所示。

图 4-21　大泡泡袖款式图

2. 结构制图

大泡泡袖的结构制图是从袖中位置向上部分展开泡起，袖山泡量较大，有夸张的效果，如图4-22所示。

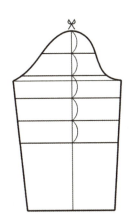
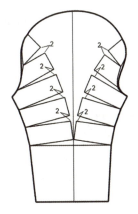

图 4-22　大泡泡袖的结构制图

（二）普通泡泡袖的结构制图

1. 款式特点

普通泡泡袖的造型特点是袖山褶量适中，造型较为普通，是最为常见的一种泡泡袖型如图4-23所示。

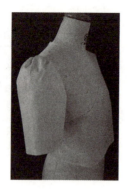

图 4-23　普通泡泡袖款式图

2. 结构制图

普通泡泡袖从袖根位置向上部分展开泡起，袖山褶量适中，如图 4-24 所示。

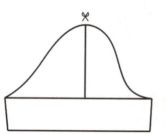
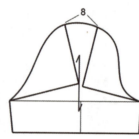
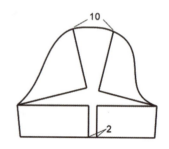

图 4-24　普通泡泡袖的结构制图

（三）小泡泡袖的结构制图

1. 款式特点

小泡泡袖只在袖山部分向上展开泡起，小泡泡袖的褶量更小，虽然袖山处有少许褶量，但是袖子的肥度基本没有变化，成衣效果比较精致含蓄。小泡泡袖的款式如图 4-25 所示。

2. 结构制图

小泡泡袖是一种只在袖山部分向上展开泡起的泡泡袖，如图 4-26 所示。

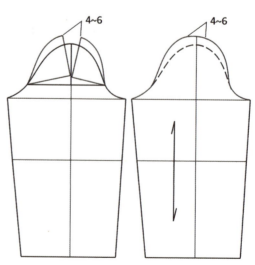

图 4-25　小泡泡袖款式图　　图 4-26　小泡泡袖的结构制图

二、泡泡袖与灯笼袖结合的结构制图

1. 款式特点

袖山部位与袖口部位都需要加入褶量，其款式如图 4-27 所示。

图 4-27　泡泡袖与灯笼袖结合的款式

2. 结构制图

泡泡袖与灯笼袖结合款式的结构制图如图 4-28 所示。

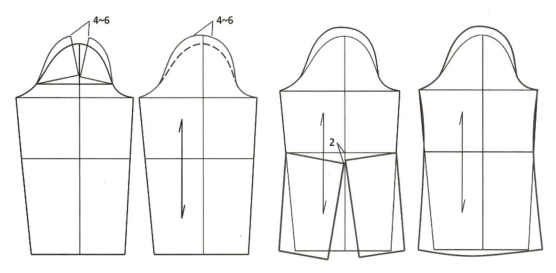

图 4-28　泡泡袖与灯笼袖结合款式的结构制图

技能拓展

案例一：
1. 款式特点

袖身有部分横向褶裥的一片式时装袖，前后袖不对称造型，如图 4-29 所示。

图 4-29 横向褶裥时装袖款式图

PPT：褶裥与分割线在一片袖中的应用

2. 结构制图

横向褶裥时装袖结构制图如图 4-30 所示。

（1）取女装衣袖基础纸样，并按款式及规格尺寸绘制带有袖肘省的合体衬衫袖。

（2）根据款式造型和褶裥的位置确定横向分割线的位置，并添加辅助剪开线，标注对位点。

微课：分割线与褶皱在一片袖中的应用

（3）剪切拉展褶裥量，根据需要每个褶量可设计 1.5～3 cm，增加泡泡袖膨起需要的立体量 4 cm、1.5 cm，进行结构处理并做出相应的结构线。

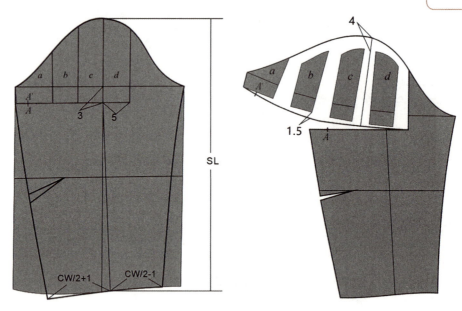

图 4-30 横向褶裥时装袖结构制图

案例二：

1. 款式特点

袖身纵向断开，外侧是蓬松的褶裥造型，内侧平服，整体呈羊腿袖造型，如图 4-31 所示。

2. 结构制图

蓬松褶裥时装袖的结构制图如图 4-32 所示。

（1）取女装衣袖基础纸样，并按款式及规格尺寸绘制带有袖肘省的合体衬衫袖。

（2）根据款式造型和褶裥的位置确定纵向断开线的位置，添加剪开线。

（3）剪切拉展褶裥量，增加泡泡袖膨起需要的立体量3 cm，进行结构处理并做出相应的结构线。

图4-31　蓬松褶裥时装袖款式图

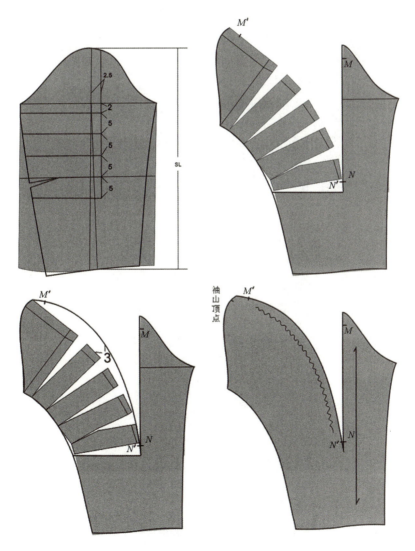

图4-32　蓬松褶裥时装袖结构制图

案例三：
1. 款式特点
在一片袖的基础上变化而成的垂褶泡泡时装袖，如图 4-33 所示。

2. 结构制图
垂褶泡泡时装袖的结构制图如图 4-34 所示。

（1）取女装衣袖基础纸样，并按款式及规格尺寸绘制带有袖口省的袖身造型。

（2）根据款式造型添加袖山碎褶和两个固定垂褶的剪开线。

（3）沿辅助线剪切拉展出袖山碎褶量和垂褶量，在袖山顶部添加袖山碎褶造型的纵向立体量 2 cm，注意袖山弧线外轮廓线条的造型，做出相应的结构线。

图 4-33　垂褶泡泡时装袖款式图

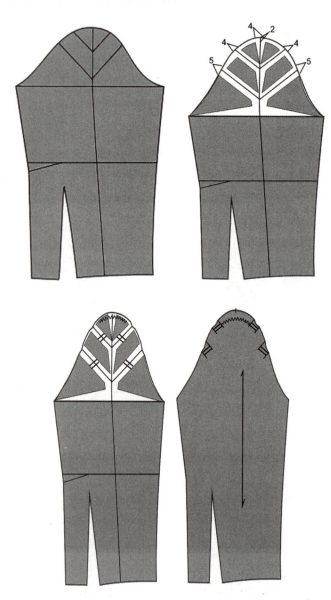

图 4-34　垂褶泡泡时装袖结构制图

任务评价

在一片袖的结构变化应用任务结束后进行评价,任务评价结果请填写在表 4-4 中。

表 4-4　一片袖的结构变化应用任务评价表

班级						姓名	
工作任务						学号	
项目	内容		技术要求	配分	评分标准	学生自评（40%）	教师评分（60%）
结构与制图	一片袖结构制图	1	袖身结构是否准确、合理	10	根据偏差适当扣分		
		2	袖山结构是否准确、合理	10	根据偏差适当扣分		
		3	袖口位置、结构是否准确	10	不规范适当扣分		
	结构转化步骤	4	结构转化设计方案是否准确	10	根据偏差适当扣分		
		5	结构转化步骤是否合理	10	不规范适当扣分		
		6	符号标准、文字说明是否准确	5	根据美观度适当扣分		
	整体造型	7	款式廓形与结构细节处理是否合理	10	根据美观度适当扣分		
		8	线条是否清晰、流畅、美观	10	根据美观度适当扣分		
		9	是否能表达自己的设计思考	10	根据表现适当扣分		
工具使用		10	绘图服装 CAD 软件应用的准确度、熟练度或绘图工具使用的准确度、熟练度	10	不规范适当扣分		
工作态度		11	行为规范、态度端正	5	不规范适当扣分		
综合得分							

巩固训练

1. 简述一片直袖与一片弯袖的袖型特点。
2. 设计并绘制一款分割型泡泡袖。

要求:(1)分别用 1∶5 或 1∶1 的比例进行制图,能够用服装 CAD 软件进行绘图;
　　　(2)理解结构原理,公式运用准确,尺寸设计合理;
　　　(3)结构线顺滑清晰,明确裁剪的结构线及轮廓线。

项目五
提纲挈领　领子的结构设计

项目描述

领子围绕人体颈部，靠近人的脸部，在服装中处于视觉上较为醒目的部位。本项目内容包括翻折领、立领、帽领、平领、花式领等领型的结构原理与制图方法，且每个领型种类下设计不同款式、不同风格的多款领型，通过领型细节对比，深入探究领型与服装风格之间的关系；辅助运用视频解析和实操演示等动态资源，使学习者能够直观、高效地掌握领型变化规律，并具备根据款式风格合理变通、灵活配置尺寸数据的能力。

学习目标

知识目标：

1. 了解领型的分类及翻折领、立领、帽领、平领等领型的概念；
2. 掌握翻折领、立领、帽领、平领的制图原理及制图方法；
3. 掌握变化型立领、变化型帽领、花式领的结构原理及制图步骤。

能力目标：

1. 能够正确分析翻折领、立领等领型的结构，并能够根据造型与风格合理配置尺寸数据；
2. 能够根据帽领款式与风格合理配置倒伏量，设计合理的帽领样板；
3. 能够正确分析各种变化领型的结构，并能够根据造型与风格合理配置领型样板。

素养目标：

1. 通过感悟"方心曲领、云肩"服饰文化内涵，提升文化自信、文化传承意识；
2. 通过不同风格与造型要求的领型细节对比，培养深入探究、精益求精的精神；
3. 通过各种领型案例的具体实践，培养举一反三、知行合一的实践精神。

晓理近思

1. 方心曲领是古代官员服装的领部使用过的一个小小的配件，虽然小巧，但它也曾经被纳入过国家的章服体系。请扫描二维码阅读材料"象天法地观念的服饰呈现——方心曲领"，说一说这种领型出现在什么朝代？你能分析其体现的文化内涵吗？

文本：象天法地观念的服饰呈现——方心曲领

2. 你了解中国传统服饰中有一种形似坦领的"云肩"配饰吗？请扫描二维码阅读材料"清汉女装卓尔多姿的云肩"，说一说从中你能感悟到的文化内涵。

文本：清汉女装卓尔多姿的云肩

3. 请扫描二维码阅读材料"丰富多彩的领型"，思考并归纳领子中的主要领型。

文本：丰富多彩的领型

4. 男装正装衬衫中有很多类型，领型的风格划分较女装来说更加严格。请扫描二维码阅读材料"各种男式衬衫领领型"，说一说男装衬衫领与女装衬衫领有何不同。

文本：各种男式衬衫领领型

任务一　翻折领的结构设计

任务导入

翻折领包括分体翻折领与连体翻折领两种。分体翻折领由领座加翻领构成；连体翻折领是领座与翻领连裁的一片式领型。本任务学习分体翻折领与连体翻折领的结构制图方法，使学习者能够掌握翻折领的结构设计原理并能灵活应用。

观察图 5-1 所示的两款衬衫领，分析两者的形态有何差别，并说一说两种领型分别应用于哪些服装中。

动画：认识衬衫领

图 5-1　两种衬衫领的形态

知识储备

一、分体翻折领的款式图及结构线名称

分体翻折领的款式图及结构线名称如图 5-2 所示。

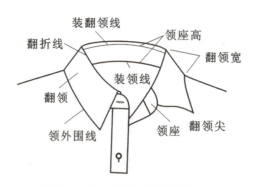

图 5-2　分体翻折领的结构线名称

二、分体翻折领的结构设计原理

（1）如图 5-3 所示，领座前中上翘量同合体立领 ≈ 2 cm，翘势越大，下口线弧度越大，越贴合颈部。

（2）领面下口线 = 领座上口线 +0.3，两线的间隙量 =2× 起翘量 ≈ 2a，当间隙量 <2a 时，翻领下口线弧度 < 领座上口线弧度，成型的翻领与领座贴合较紧；当间隙量 >2a 时，翻领下口线弧度 > 领座上口线弧度，成型的翻领与领座间空隙较大。

（3）翻领宽 c 大于领座宽 b 约 1 厘米，使成型后的翻领领面盖住领座。

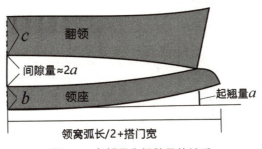

动画：
分体翻折领结构
设计原理

图 5-3　起翘量和间隙量的关系

三、连体翻折领的款式图及结构线名称

连体翻折领的结构线名称如图 5-4 所示。

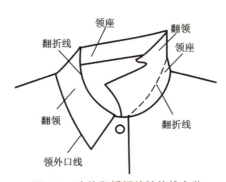

图 5-4　连体翻折领的结构线名称

四、连体翻折领的结构设计原理

在连体翻折领的制图（见图 5-5）中，翘势的尺寸是关系领型形态的关键要素。翘势指的是领下口线与后领中心线的交点与水平线之间的距离。翘势设计的原则是：翘势量 =（2～3）×（领面宽 - 领座宽）。翘势越小，领下口线曲度越小，领型越耸立，形成的领座越大；翘势越大，领下口线曲度越大，领型越平坦，形成的领座越小。

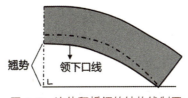

图 5-5　连体翻折领的结构线制图

任务实施

一、分体翻折领（直企领）的结构制图

直企领是合体型、偏树立状的常规衬衫领，常用于职业风格的衬衫中。直企领的结构制图如图 5-6 所示。

图 5-6 直企领的结构制图

二、直企领的结构解析

（1）框架线的绘制：绘制垂直的后领中心线和水平线，在后领中线上量取 3 cm、2 cm、4.2 cm。在水平线上量取 1/2 领窝弧长，并进行三等分。前端上提 0.8 cm，与第 2 个等分点连线并延长 1.5 cm 的搭门宽。与竖线的交点标记为 A 点，绘制顺直的领下口弧线。

（2）领座的绘制：从前端止点绘制领下口弧线的垂线 2.5 cm。过 3 cm 的点绘制水平辅助线。绘制顺直的领座上口弧线及前端的圆角造型。过 A 点做 2.5 cm 线的平行线，交于领座上口弧线，标记为 B 点，B 点向里 0.3 cm，标记为 C，向里 0.3 cm 的目的是扣齐扣子后，领角间有一定间距空隙。

（3）翻领的绘制：从 C 点向上做竖直线。从 2 cm 的点绘制水平辅助线。然后顺直的绘制翻领下口弧线，从 4.2 cm 的点绘制水平线，在竖直线外出 1.6 cm，连接翻领领角的斜向边线。直企领的结构制图完成。领座和翻领的纱向设计一般都为横向纱向。

（4）绘制出扣眼的位置：在领座的前端部位，根据扣子直径，绘制出扣眼的位置。如果扣子直径是 1 cm，那么前中线外 0.3 cm，剩余的 0.7 cm 在前中线内。这样绘制出领座的一粒扣眼。

三、分体翻折领（平企领）的结构制图

平企领较直企领相比，领型稍宽松，形态上较为平坦，风格上偏向休闲，常用于休闲风格的衬衫中。平企领的结构制图如图 5-7 所示。

四、平企领的结构解析

平企领与直企领的结构制图方法基本相同，但是根据分体式翻折领的结构原理，平企领的起翘

量和间隙量设计都相对较大一点，领型形态上相对平坦，风格上趋向休闲。

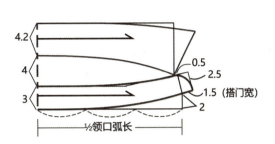

图 5-7 平企领的结构制图

技能拓展

（1）连体翻折领（竖立状）的结构制图如图 5-8 所示。根据翘势设计的原则：翘势量=（2～3）×（领面宽－领座宽），计算出翘势量为 1 cm。

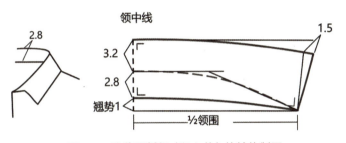

图 5-8 连体翻折领（竖立状）的结构制图

（2）连体翻折领（较平坦状）的结构制图如图 5-9 所示。根据翘势设计的原则：翘势量=（2～3）×（领面宽－领座宽），计算出翘势量为 6 cm。

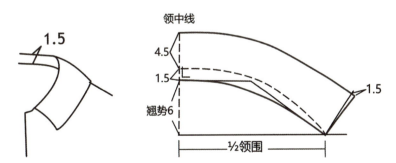

图 5-9 连体翻折领（较平坦状）的结构制图

任务评价

在翻折领的结构设计任务结束后进行评价，任务评价结果请填写在表 5-1 中。

表 5-1 翻折领的结构设计任务评价表

项目	内容		技术要求	配分	评分标准	学生自评（40%）	教师评分（60%）
班级						姓名	
工作任务						学号	
结构与制图	基础领型结构制图	1	基础领型结构是否准确、合理	10	根据偏差适当扣分		
		2	基础领型的宽度设计是否合理	10	根据偏差适当扣分		
		3	领与衣身的匹配度	10	不规范适当扣分		
	结构转化步骤	4	结构转化设计方案是否准确	10	根据偏差适当扣分		
		5	结构转化步骤是否合理	10	不规范适当扣分		
		6	符号标准、文字说明是否准确	5	根据美观度适当扣分		
	整体造型	7	款式廓形与结构细节处理是否合理	10	根据美观度适当扣分		
		8	线条是否清晰、流畅、美观	10	根据美观度适当扣分		
		9	是否能表达设计思考	10	根据表现适当扣分		
工具使用		10	绘图服装 CAD 软件应用的准确度、熟练度或绘图工具使用的准确度、熟练度	10	不规范适当扣分		
工作态度		11	行为规范、态度端正	5	不规范适当扣分		
综合得分							

巩固训练

设定一款衬衫领，领座宽度为 3 cm，翻领宽度为 4.2 cm，领围为 38 cm，请根据要求绘制衫领的结构制图。

要求：（1）选用手工或服装 CAD 软件制版都可以，手工选用 1∶5 比例绘制；

（2）公式运用准确，尺寸设计合理；

（3）结构线绘制清晰，裁剪线轮廓分明。

任务二　立领的结构设计

任务导入

立领是服装中常见的一种领型，其结构特点是围绕脖颈呈竖立状的领型，造型简洁、大方，还有保暖挡风功能。本任务学习基本型立领的结构制图方法，并进行各种立领的结构转化应用。

观察图 5-10 所示的两款立领，分析两者的形态有何差别，并说一说其分别应用于什么服装类型中。

图 5-10　两款不同形态的立领

知识储备

一、立领的分类

（1）根据领片竖立状态，立领可分为内倾型、直立型、外倾型三种形态，如图 5-11 所示。

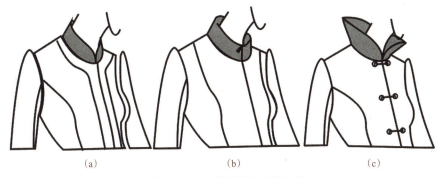

动画：立领的分类

图 5-11　三种不同形态的立领

（a）内倾型；（b）直立型；（c）外倾型

（2）根据领片与衣身的装接方式，立领可分为单立领和连身立领，如图5-12所示。

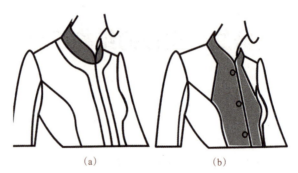

图 5-12　两种不同装接方式的立领
(a) 单立领；(b) 连身立领

二、立领的结构设计要点

1. 立领的领高与领口的关系

（1）立领的领高 <4 cm 时。对于合体型单立领，当立领的领高 <4 cm 时，可采用原型领窝弧长（或侧颈点开大 0.5 cm）；

（2）立领的领高 ≥ 4 cm 时。考虑人体脖颈前俯活动较多，领高过高对颈前部造成不适，应基于原型领窝弧，适当开大横开领、直开领，重画新领窝弧。

2. 立领的侧倾斜角度与立领造型的关系

如图 5-13 所示，人体颈部呈上小下大的圆台状，竖直线与脖颈的倾斜夹角 $\angle \alpha \approx 9°$，$\angle \beta$ 是竖直线与领子的倾斜夹角，其与上口线变化也有密切关系。

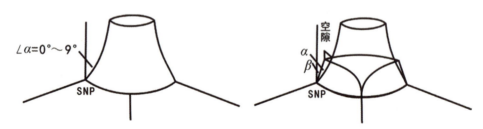

图 5-13　立领的侧倾斜角度与立领造型的关系

立领的三种状态如图 5-14 所示。
（1）当 $\angle \beta = 0°$ 时，立领的上口线 = 下口线，立领呈圆柱状；
（2）当 $\angle \beta = 0° \sim 9°$ 时，立领的上口线 ≤ 下口线，立领贴合颈部呈圆台状；
（3）当 $\angle \beta < 0°$ 时，立领上口线 > 下口线，立领外倾呈倒圆台状。

3. 立领的起翘量的设计

从以上分析中，可见立领结构设计中，前中的起翘量设置是非常关键的。如图 5-15 所示，一般来说，内倾合体型立领起翘度 $= 0° \sim 9°$，即起翘量 $= 0 \sim 2.5$ cm，起翘量越大，对颈部活动的限制越大，通常起翘量不超过 8 cm。若领高超过颈部，为保证头部活动舒适，应加大上口线，即要加大下翘量。

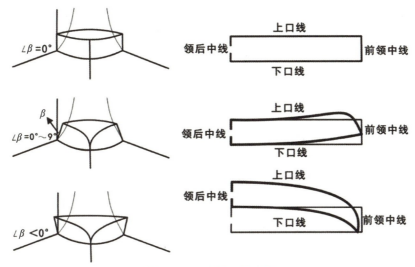

图 5-14　立领的三种状态

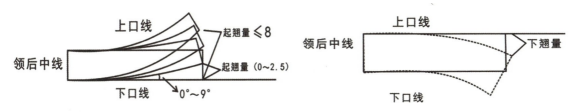

图 5-15　立领的起翘量设计

任务实施

一、合体型立领的结构制图

内倾型常规立领，领宽通常在 4 cm 以内，如图 5-16 所示。

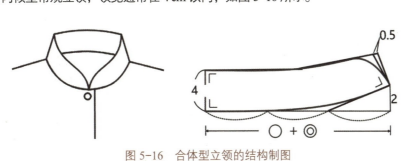

图 5-16　合体型立领的结构制图

微课：三种基本形态立领的结构设计

PPT：三种基本形态立领的结构设计

二、合体型变化立领

1. 款式特点

本款立领与人体的颈部同样吻合，呈圆台状，只是前直开领底挖深，形成前领高宽、后领高窄的领型。

2. 结构解析

如图 5-17 所示，绘制领下口线时，要在前领弧长 + 后领弧长 − (0.5 ～ 1) cm，是因为当领高加宽 5 cm 时，领下口弧线同时被加长，为了确保最终的领下口弧线与衣身领口弧线相等，因此要预先减掉一点尺寸。

三、竖直立领的结构制图

1. 款式特点

竖直立领呈前倾的圆柱造型，领子前面连于搭门线。

2. 结构解析

如图 5-18 所示，在前领口弧线处挖深 0.3 cm，其目的是将直线型的领下口线调整成曲线型，从而更好地吻合前衣身领口的曲线造型。

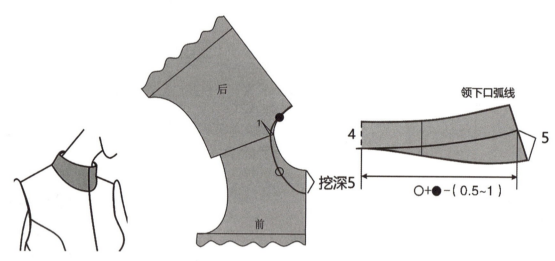

图 5-17　合体型变化立领的结构制图

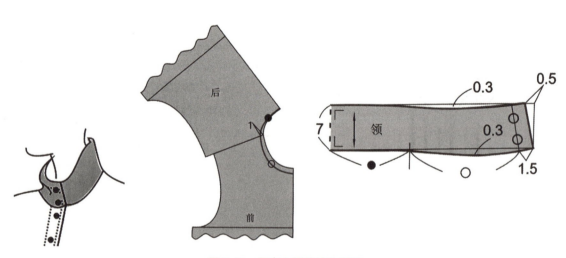

图 5-18　竖直立领的结构制图

技能拓展

一、半连身立领的结构制图

1. 款式特点

立领与后身分离，与前身部分相连，与前身分离处设领省。

2. 结构解析

如图 5-19 所示，立领下口线的绘制是在前领窝的中点作领窝弧的切线，并顺势向上延长取前后领口弧线的长度。这个切点不宜超过中点，如果超过中点，领上口线会变小，从而影响颈部活动而不舒适。但这个切点可以低于前领窝的中点，低于中点，领上口线会变大，领子会较为宽松。

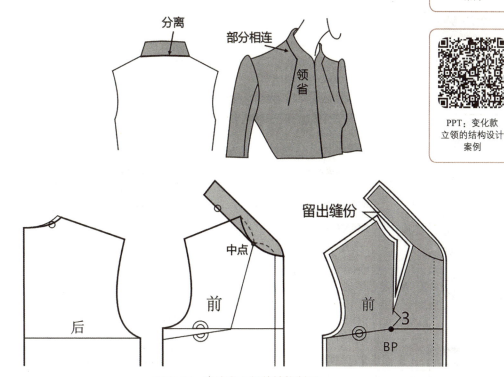

图 5-19　半连身立领的结构制图

二、半连身低开两用立领的结构制图

1. 款式特点

前领深开低，后领竖立状，前面为贴胸式立领，可翻折为驳领。

2. 结构解析

如图 5-20 所示，肩线与领部重叠 1.5 cm 的目的是领子与衣身缝接时增加领部一定的立体量，从而使领部能够顺脖颈的曲度自然弯转，形态美观。

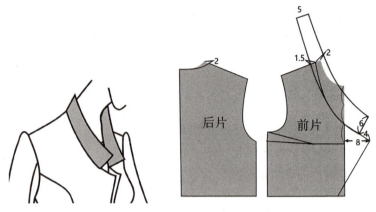

图 5-20 半连身低开两用立领的结构制图

任务评价

在立领的结构设计任务结束后进行评价,任务评价结果请填写在表 5-2 中。

表 5-2 立领的结构设计任务评价表

班级						姓名	
工作任务						学号	
项目	内容		技术要求	配分	评分标准	学生自评（40%）	教师评分（60%）
结构与制图	基础领型结构制图	1	基础领型结构是否准确、合理	10	根据偏差适当扣分		
		2	基础领型的宽度设计是否合理	10	根据偏差适当扣分		
		3	领与衣身的匹配度	10	不规范适当扣分		
	结构转化步骤	4	结构转化设计方案是否准确	10	根据偏差适当扣分		
		5	结构转化步骤是否合理	10	不规范适当扣分		
		6	符号标准、文字说明是否准确	5	根据美观度适当扣分		
	整体造型	7	款式廓形与结构细节处理是否合理	10	根据美观度适当扣分		
		8	线条是否清晰、流畅、美观	10	根据美观度适当扣分		
		9	是否能表达自己的设计思考	10	根据表现适当扣分		
工具使用		10	服装 CAD 软件应用的准确度、熟练度或绘图工具使用的准确度、熟练度	10	不规范适当扣分		
工作态度		11	行为规范、态度端正	5	不规范适当扣分		
综合得分							

巩固训练

1. 设定立领的宽度为 6 cm,领子制图时需要注意什么?
2. 设定一款合体衬衫的立领宽度为 3 cm,领围为 38 cm,请根据要求绘制立领的结构制图。
要求:(1)用手工或服装 CAD 软件制版都可以,手工选用 1∶5 比例绘制;
（2）公式运用准确,尺寸设计合理;
（3）结构线绘制清晰,裁剪线轮廓分明。

任务三　帽领的结构设计

任务导入

　　帽领也称为连身帽，是指帽子与衣片共同组成的一种特殊领型，既可作为装饰，又可保暖挡风。本任务通过学习两片式基本型帽领的结构制图方法，理解掌握帽领的构成原理，并进行各种变化帽领的结构转化应用。通过三片式、拆卸式、连身式帽领的结构转化，掌握各种帽领的应用。

　　观察图 5-21 所示的两款帽领，分析两者外观造型有何差别。

图 5-21　两种不同形态的帽领

知识储备

一、帽领的分类

（1）根据组成帽身的片数，帽领可分为两片式帽领和三片式帽领，如图 5-22 所示。

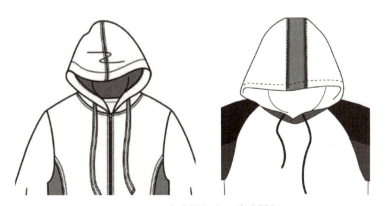

图 5-22　两片式帽领和三片式帽领

（2）根据帽身与衣身的组合形式，帽领可分为有搭门式帽领和无搭门式帽领，如图5-23所示。

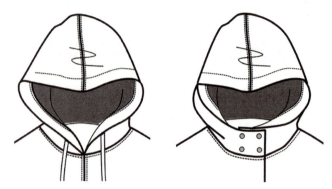

图5-23　有搭门式帽领和无搭门式帽领

二、帽领的规格设计

帽领规格设计的两个关键要素是帽身长和帽宽。

（1）帽身长是指左侧颈点经头顶点至右侧颈点的间距，一般连身帽长＝基本帽长（约60 cm）＋松量（约6 cm）；

（2）帽宽是指经人体眉间点、头后突点围量一周的头围。由于帽不必包覆人体的脸部，故帽宽＝［头围/2 －（2～3）］cm，头围为56～58 cm。

三、倒伏量与帽领着装形态的关系

如图5-24所示，当帽领倒伏量增大时，领子形态较坦于肩部；当倒伏量减小时，领子形态较为耸立。在制版时要根据帽领的形态要求，确定帽领下口弧线的倒伏量及帽领的造型。

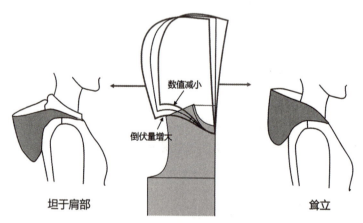

图5-24　倒伏量与帽领着装形态的关系

任务实施

一、两片式帽领的结构制图

1. 款式特点

两片式帽领是最为常见的一种帽领，其帽身由对称的两片构成，且帽中间有断缝，如图5-25所示。

图 5-25 两片式帽领款式图

2. 规格设置

帽子规格如表 5-3 所示。

表 5-3 帽子规格表　　　　　　　　　　　　　　　　　cm

部位	帽领高	帽领宽
尺寸	35（帽身长/2+2）	26

3. 结构制图

两片式帽领的结构制图如图 5-26 所示。

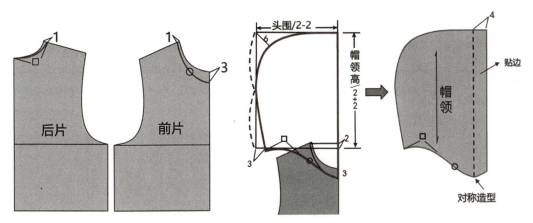

图 5-26 两片式帽领的结构制图

二、三片式帽领的结构制图

1. 款式特点

三片式帽领的帽身是由三片构成的对称式帽领，且帽中间有一条拼条，如图 5-27 所示。

2. 结构制图

在两片式帽领样板的基础上，变化得到帽领两片、帽领拼条 1 片，如图 5-28 所示。

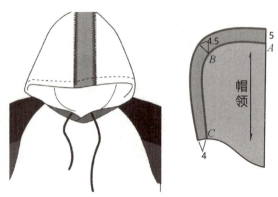
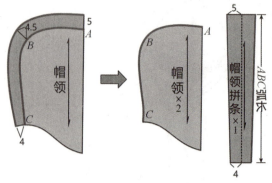

图 5-27　三片式帽领款式图　　　图 5-28　三片式帽领的结构制图

微课：变化款帽领的结构设计案例

PPT：变化款型帽领的结构设计案例

技能拓展

一、可拆卸型防寒连衣帽的结构制图

1. 款式特点

结合高立领设计的三片式结构可拆卸型防寒连衣帽，连衣帽的前帽口与衣领一样在前搭门左右双扣扣合。其是棉衣中较常见的一款领型，如图 5-29 所示。

2. 规格设置

帽子规格表如表 5-4 所示。

图 5-29　可拆卸型防寒连衣帽的款式图

表 5-4　帽子规格表　　　　　　　　　　　　　　cm

部位	帽领高	帽领宽
尺寸	35（帽身长/2+2）	26

3. 结构制图

可拆卸型防寒连衣帽的结构制图如图 5-30 所示。

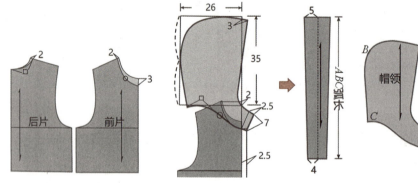

图 5-30　可拆卸型防寒连衣帽的结构制图

二、披肩领式连衣帽

1. 款式特点

披肩领式的连衣帽与衣身结构连接在一起，连衣帽宽松大气，适合冬季上衣、外套、大衣等，

尤其是秋冬毛呢、双面呢等服装中。如图 5-31 所示，帽领与里层的贴边连接处没有断开缝，帽领与外层衣身的连接处也没有断开缝。

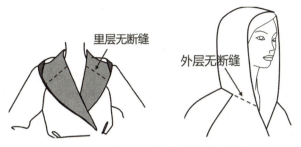

图 5-31　披肩领式连衣帽的款式图

2. 结构制图

披肩领式连衣帽的结构制图如图 5-32 所示。

（1）首先调整衣身领口，横向开宽 1 cm。因为帽领与衣身连裁，因此直开领不需要做挖深调整。

（2）设计前中搭门量 6～8 cm，插肩点的位置在前领口弧上取 4.5 cm。

（3）服装外层实现衣身与帽领连裁的裁剪方法：样板的轮廓线要从 4.5 cm 的插肩点转折至帽领领下口弧线至帽身上沿。

（4）服装里层实现衣身与帽领连裁的裁剪方法：样板的轮廓线要从 4.5 cm 的插肩点转折至帽领领下口弧线至帽身上沿。除贴边用与其外层一致的面料裁剪外，其他为里料裁剪。

（5）面层和里层可以以帽边线为中心线，实现前中连裁，可用于双面呢等需要尽量减少破缝的服装中。

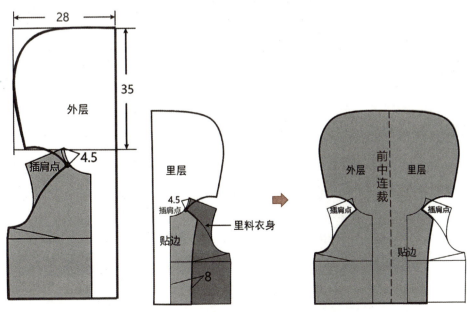

图 5-32　披肩领式连衣帽的结构制图

小贴士

你知道为什么双面呢服装中，需尽量减少破缝吗？

双面呢服装是近几年流行的一种单层无里服装，其面料的构成实质是将双层独立的羊毛或混纺毛织物梭织在一起，其面料柔软保暖，深受消费者喜爱。减少破缝的主要原因是因为双面呢服装裁片四周及破缝拼接部位需要剥离并将缝份隐藏缝合，工艺难度大，制作费时费力。减少不必要的破缝拼接相当于降低工艺难度和制作成本，扩大盈利空间，这对于竞争激烈的服装企业来说无疑意义重大。

任务评价

在帽领的结构设计任务结束后进行评价，任务评价结果请填写在表 5-5 中。

表 5-5　帽领的结构设计任务评价表

班级						姓名	
工作任务						学号	
项目	内容		技术要求	配分	评分标准	学生自评（40%）	教师评分（60%）
结构与制图	基础领型结构制图	1	基础领型结构是否准确、合理	10	根据偏差适当扣分		
		2	基础领型的宽度设计是否合理	10	根据偏差适当扣分		
		3	领与衣身的匹配度	10	不规范适当扣分		
	结构转化步骤	4	结构转化设计方案是否准确	10	根据偏差适当扣分		
		5	结构转化步骤是否合理	10	不规范适当扣分		
		6	符号标准、文字说明是否准确	5	不规范适当扣分		
	整体造型	7	款式廓形与结构细节处理是否合理	10	根据美观度适当扣分		
		8	线条是否清晰、流畅、美观	10	根据美观度适当扣分		
		9	是否能表达自己的设计思考	10	根据表现适当扣分		
工具使用		10	服装 CAD 软件应用的准确度、熟练度或绘图工具使用的准确度、熟练度	10	不规范适当扣分		
工作态度		11	行为规范、态度端正	5	不规范适当扣分		
综合得分							

巩固训练

1. 说一说帽子着装形态与倒伏量的关系。
2. 根据下图给定的款式设定帽领的规格尺寸并完成制图。

任务四　平领的结构设计

任务导入

平领也称为坦领,是一种几乎平坦于肩部的领型。通过领角的变化,可以产生各种不同造型的平领,领型活泼灵动,最早多见于儿童、少女的服装中,在现代女装中的应用也越来越广泛(见图5-33)。本任务通过学习平领的结构原理,理解平领不同于其他领型的制图方法,并进行各种变化型平领的结构转化应用。

图5-33　各种造型的平领

观察图5-34所示的领型,你能说出它的名字吗?分析并说一说这种领型的造型特征。

图5-34　平领

> 知识储备

一、认识平领

当翻领的翘势大到一定量，领座就变得非常小，此时的领型几乎平贴于肩部，即变成了平领。随平领外口线型的变化，可以产生各种款式造型。在现代服装中，平领的设计风格或可爱活泼，或复古婉约（见图 5-35、图 5-36）。

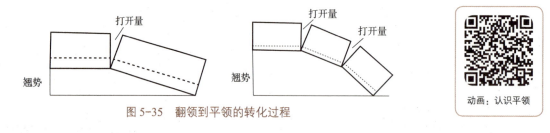

图 5-35　翻领到平领的转化过程

图 5-36　各种平领造型

二、平领的结构设计原理

如图 5-37 所示，由于平领平摊在肩部，最高效准确的结构设计是将前后衣身肩线叠合绘制领型结构，以侧颈点为**重叠基点**。为了使外领口能够平贴于肩上，下口线与衣领窝接缝处不外露，前后肩线要有一定的重叠量。

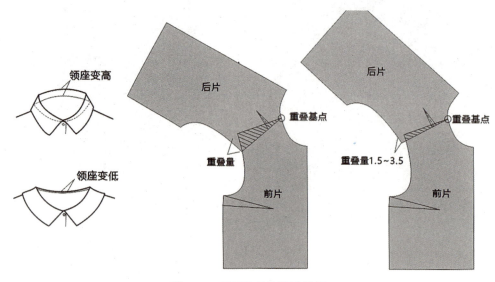

图 5-37　平领的结构设计原理

肩线重叠量越大,领座变高,越趋向于翻领;重叠量越小,领座变低,越趋向于披肩领。平领肩线重叠量最大值为5(极限值),而重叠量最佳范围为1.5～3.5 cm,产生的领座高为0.8～1.5 cm。

三、领子形成领座的原因

以一片式领型为例,要想形成一定的领座,领下口弧线曲度一定要小于衣身领口的曲度。领下口弧线曲度越小,越平直,领座高度相对越大;领下口弧线曲度越大,越接近衣身领口曲度,领座高度相对越小。

四、领子的结构变化规律

在直条式立领的基础上,将领的上口线展开加长,得到领座较高的连体翻折领,领的外口线继续展开加长,领座随着降低,趋向于平领;领的外口线继续展开加长,当领口曲度大于衣身领口曲度时,领座消失,领子变成波浪领(见图5-38)。

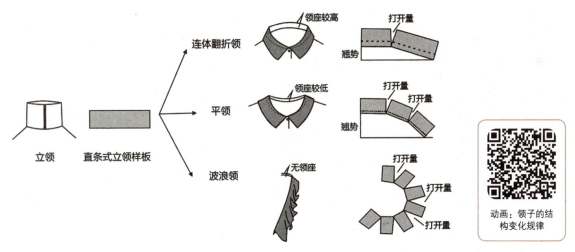

图 5-38　领子的结构变化规律

继续在直条式立领的基础上,下口线前端起翘,上口线随之变短,领型变成合体型立领;上口线的长度受脖颈的限制,不能小于脖颈的围度,因此达到了最小上限值。当上口线不能再小时,下口线可以继续加长,直到贴合到前胸口,最终变成贴合胸口的假领(见图5-39)。

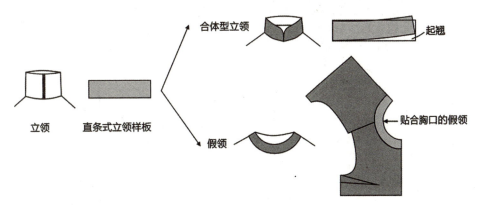

图 5-39　领子的结构变化规律

任务实施

一、圆角衬衫平领的结构制图

1. 款式特点

平领结构，领角为圆角造型，领座较低，如图 5-40 所示。

微课：平领的结构设计原理

微课：两种平领的结构设计

PPT：平领结构设计

2. 结构制图

圆角衬衫平领的结构制图如图 5-41 所示。

3. 结构解析

（1）将前后衣身裁片的侧颈点重合，使肩点交叉重叠。重叠量为 1～1.5 cm，领座高约为 1 cm；重叠量为 2～2.5 cm，领座高约为 1.5 cm。

（2）领子前端点与领窝前中心点离开 1 cm，绘制领子造型，离开 1 cm 更容易形成少许领座，绱领拼缝更容易隐藏。

（3）前半部分领长比前领窝少 0.3 cm，后半部分领长应比后领窝少约 0.5 cm。领子比领窝少的量前后加起来总和约为 0.8 cm。

（4）领座需要进行拔开工艺操作，拔开的位置约在侧颈点前后各 3 cm。只有经过拔开工艺处理后，制作出来的领型才会翻折线圆顺，绱领拼缝不外露。如果领子与领窝同样大小，不拔领座，制出的领型翻折线处会有少许褶皱，领座起不来，绱领拼缝容易外露。

图 5-40　圆角衬衫平领的款式图

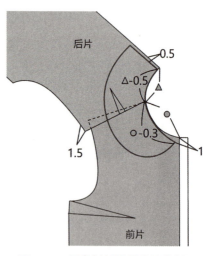

图 5-41　圆角衬衫平领的结构制图

二、海军领的结构制图

1. 款式特点

海军领也称水兵领，前领口挖深呈"V"形，后领呈方形，并坦于肩部，如图 5-42 所示。

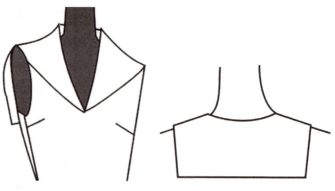

图 5-42　海军领的款式图

2. 结构制图

海军领的结构制图如图 5-43 所示。

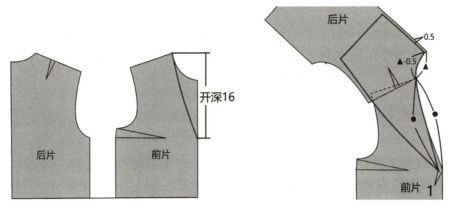

图 5-43　海军领的结构制图

3. 结构解析

（1）将前后裁片的侧颈点重合，使肩点交叉重叠。重叠量可设计 2 cm 左右。

（2）如果是套头款式，领窝尺寸必须大于头围，因此，要在前领开深 16 cm 左右绘制出"V"形领口。

> 技能拓展

一、垂褶领的结构制图

垂褶领的款式造型是在前领窝和前中心增加余量，自然垂坠形成垂褶效果。常见的有分离式垂褶领和连身式垂褶领两种。

微课：两种垂褶领的结构设计

微课：飘带领和波浪领的结构设计

PPT：花式领结构设计

（一）分离式垂褶领

1. 款式特点

与衣身分离单独裁剪的垂褶领，在前领窝和前中心增加余量，自然垂坠形成垂褶效果，如图 5-44 所示。

2. 结构制图

分离式垂褶领的结构制图如图 5-45 所示。

图 5-44　分离式垂褶领的款式图

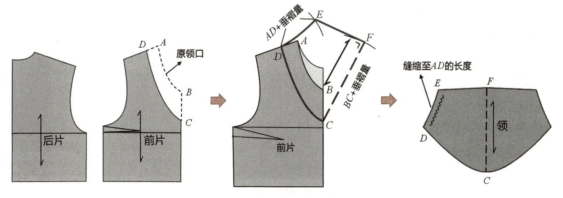

图 5-45　分离式垂褶领的结构制图

3. 结构解析

（1）为了确保垂褶领缝合后能够归位，因此，图中 $DE=AD+$ 垂褶量、$CF=BC+$ 垂褶量、$EF=AB$。

（2）缝制时，需要将 DE 缝缩至 AD 的长度，从而确保原肩线长度不变；而当 DE 缩缩后，肩线归位，EF 等于 AB，才能保持原领口的大小及形态不变。

（二）连身式垂褶领

1. 款式特点

与衣身相连，由衣身领口向外延伸，在前领窝和前中心形成自然垂坠褶效果的领型。同时，前衣身胸围也会增加一定的余量，如图 5-46 所示。

图 5-46　连身式垂褶领的款式图

2. 结构制图

连身式垂褶领的结构制图如图 5-47 所示。

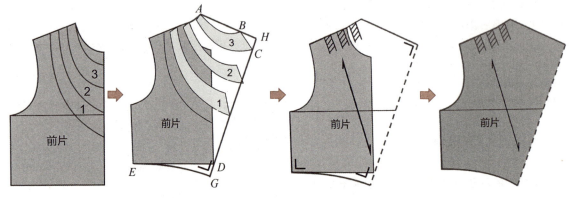

图 5-47　连身式垂褶领的结构制图

3. 结构解析

（1）先在前衣身领口处设定垂褶展开位置弧线，标记 1、2、3。

（2）沿各弧线剪开，从剪开处拉开样板加入褶量，使前中拉展量＞肩线拉展量。连接 AB、CD 线并延长，交于 H 点、G 点，修顺衣片的底摆弧线，使 EG 与 GH 垂直。

（3）标记肩线的三个褶裥，完成连身式垂褶领的样板，为使领子造型更富有流动感，纱向设计 45° 斜纱向。

二、蝴蝶结领的结构制图

1. 款式特点

领子呈长条形、带状，扎结方法不同产生的效果也不同，可结成蝴蝶结，也可像领带一样垂下，如图 5-48 所示。

图 5-48　蝴蝶结领的款式图

2. 结构制图

蝴蝶结领的结构制图如图5-49所示。

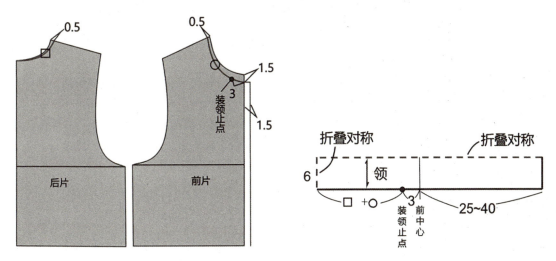

图5-49 蝴蝶结领的结构制图

三、波浪领的结构制图

1. 款式特点

领边呈起伏的波浪形,领型风格浪漫活泼,是一款造型较为特别的领型,如图5-50所示。

图5-50 波浪领的款式图

2. 结构制图

波浪领的结构制图如图5-51所示。

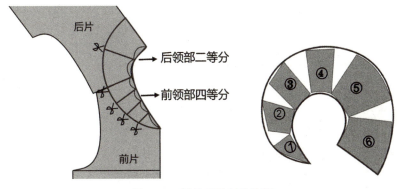

图5-51 波浪领的结构制图

3. 结构解析

通常情况下，波浪领前面的波浪效果大于后面，因此，前领部设计的剪开线数量可以适当多于后片，展开量也可以相应大一些。

小贴士

你知道为什么在连身式垂褶领中应用斜纱向吗？你了解斜纱向与直纱向、横纱向有何不同吗？

纱向是纺织品的术语，布匹织造时是由纵向和横向的纱线相互交织形成的，直向的纱是经纱，横向的纱是纬纱。而斜纱向是指经纱、纬纱交叉点的斜向排列。其特点是伸缩性大，有弹性，具有良好的可塑性，易于弯曲变形，斜纱向裁剪通常用于波浪裙等服装中，能增加服装的飘逸感。

任务评价

在平领的结构设计任务结束后进行评价，任务评价结果请填写在表 5-6 中。

表 5-6 平领的结构设计任务评价表

班级						姓名		
工作任务						学号		
项目	内容		技术要求	配分	评分标准	学生自评（40%）	教师评分（60%）
结构与制图	基础领型结构制图	1	基础领型结构是否准确、合理	10	根据偏差适当扣分		
		2	基础领型的宽度设计是否合理	10	根据偏差适当扣分		
		3	领与衣身的匹配度	10	不规范适当扣分		
	结构转化步骤	4	结构转化设计方案是否准确	10	根据偏差适当扣分		
		5	结构转化步骤是否合理	10	不规范适当扣分		
		6	符号标准、文字说明是否准确	5	根据美观度适当扣分		
	整体造型	7	款式廓形与结构细节处理是否合理	10	根据美观度适当扣分		
		8	线条是否清晰、流畅、美观	10	根据美观度适当扣分		
		9	是否能表达的设计思考	10	根据表现适当扣分		
工具使用		10	服装 CAD 软件应用的准确度、熟练度或绘图工具使用的准确度、熟练度	10	不规范适当扣分		
工作态度		11	行为规范、态度端正	5	不规范适当扣分		
综合得分							

巩固训练

1. 你能概述领子的结构变化规律吗？
2. 收集两款海军领，进行款式分析、规格设计并完成结构制图。

模块三
融会贯通　案例提高篇

项目六
单衣流芳　女衬衫制版案例应用

项目描述

单衣在古代也称"襌衣",是指单层无里子的服装。《说文》载:"襌,衣不重。"《后汉书·马援传》载:"公孙述更为援制都布单衣。"对接职业技能鉴定标准,能够解读衬衫结构并完成衬衫制版是考取"四级"服装制版师的必备技能。本项目中包括两个衬衫任务,即合体型腋下省女衬衫和宽松型坦领女衬衫。项目内容一方面是对女衬衫的结构、毛样板的详细解析,辅助运用三色图解、2D动画、3D虚拟成衣、CAD软件实操等动态资源、使学习者能够更直观、高效地掌握女衬衫的制版方法;另一方面拓展服饰文化资料、企业生产工艺单、衬衫国家标准、自动绱袖衩工艺等智能新技术,使学习者在具备一定的服饰文化素养及国家标准知识的同时,能够了解行业前沿技术,具备能够根据企业需求、品牌风格进行衬衫版型设计的能力。

学习目标

知识目标:

1. 了解女衬衫基本造型特征及主要的衣身结构变化形式;
2. 掌握各种女衬衫的制图及毛样板的制作方法;
3. 了解衬衫国家标准,了解智能绱袖衩工艺等行业新技术。

能力目标：

1. 能够准确分析女衬衫的款式特点并进行正确的文字描述；
2. 学会按照衬衫实物的结构及工艺特点，进行版型设计与版型修正；
3. 能够用 CAD 软件完成女衬衫的制图与毛样板的制作。

素养目标：

1. 通过国家标准《衬衫》（GB/T 2660—2017）的解读，培养标准意识、质量意识。
2. 通过解决"大赛"试题，感受"大赛"工艺，培养辩证思维、创新意识及精益求精的职业素养；
3. 通过了解智能绱袖衩新工艺，了解行业前沿技术，培养创新意识；
4. 通过 CAD 数字制版实操，培养尺规意识、数字化适应力、岗位胜任能力。

晓理近思

1. 你了解我国发现存世年代最早、保存最完整的衬衫吗？请扫描二维码阅读材料"中国古代丝织业的奇迹——素纱单衣的出土及复原"，并说说你的感悟。

2. 什么是当代中国青少年的精神？请扫描二维码阅读材料"用服装给中国青少年绘像——记建党 100 周年庆祝大会活动服装的诞生过程"，说一说建党 100 周年庆祝大会的活动制服是如何用服装诠释中国青少年的形象的。

文本：中国古代丝织业的奇迹——素纱单衣的出土及复原

文本：用服装给中国青少年绘像——记建党100周年庆祝大会活动服装的诞生过程

3. 随着科技的不断进步和人们对生活品质的不断追求，智能制造成为服装行业发展的新趋势。请扫描二维码观看视频"衬衫生产中的新技术——智能绱袖衩工艺"，说一说从缝纫机一针一线的制作到智能绱袖衩，你从中感受到的科技力量和智能新工艺技术。

4. 你了解在现代服装企业应用的服装模板技术吗？请扫描二维码观看视频"颠覆现代服装企业作业方式的服装模板技术"，谈一谈你对"服装模板"的理解。

视频：衬衫生产中的新技术——智能绱袖衩工艺

视频：颠覆现代服装企业作业方式的服装模板技术

5. 服装国家标准的制定对于确保产品质量、提升消费者权益保护、促进产业发展，以及规范市场秩序等方面都具有重要作用。国家标准《衬衫》为衬衫的质量提供了明确的技术要求和测试方法，包括面料质量、缝制工艺、外观质量以及安全性能等方面的规定。请扫描二维码阅读"国家标准《衬衫》（GB/T 2660—2017）"。

文本：国家标准《衬衫》（GB/T 2660—2017）

任务一　合体型腋下省女衬衫的结构制版

任务导入

合体型腋下省女衬衫是最经典、最基本的衬衫款式，其他很多变化款式都是基于基本款的样板变化得到的，学习基本款衬衫是款式拓展变化的基础（见图6-1）。合体型衬衫的基本特征是肩部合体、腰部收身，胸围松量为8～10 cm的合身造型，应用广泛。本任务通过认识衬衫的基本造型特征，学习合体型衬衫的结构原理并能够具体应用，要求能够根据任务给定的款式图和规格表，用服装CAD软件或在1 K牛皮纸上用制图工具准确绘制1∶1或1∶5的结构制图。

图6-1　合体型衬衫三维虚拟着装图

基于女衬衫的基本款式，通过不同规格的设置、样板的省道转移、衣身结构转化，可以拓展得到各种不同廓形、不同内部结构的衬衫。观察图6-2所示不同款式的衬衫，思考其是如何通过结构变化得到的。

动画：领口斜襟合体衬衫的三维效果

动画：前胸装饰褶合体衬衫的三维效果

图6-2　各种变化款衬衫

知识储备

一、女衬衫的历史

衬衫是一种穿在内外上衣之间，也可单独穿着的上衣。中国周代已有衬衫，称为中衣，后称为中单。宋代已用衬衫之名，现称之为中式衬衫（见图6-3）。

公元前8世纪，在古罗马时代，首次出现了西式衬衫始祖，被称作丘尼卡的无领套头衫，最早作为内衣穿着。16世纪文艺复兴时期，各种飞边、褶饰的衬衫开始流行，袖口层层叠叠的修饰在外套袖口的边缘，这便是现代男士衬衫袖口要比西装长出1 cm的缘由。从18世纪后半叶开始，衬衫逐渐趋向于现代造型样式。19世纪后半叶，白色高领衬衫流行，开始流行用浆糊浆硬的立领，并逐步向现代的翻领变化（见图6-4）。

图6-3 传统中式衬衫

图6-4 趋向现代样式的衬衫

衬衫发展到现代，已成为男士、女士衣橱必备的单品，是当今世界除T恤和牛仔裤外，产量最大的服装产品。

二、女衬衫的分类

衬衫属于上装的范畴，随着现代服装流行元素的不断变化，新材料、新工艺的发展进步，衬衫的款式不断推陈出新。从领子造型上可分为圆领、尖领、立领、无领等（见图6-5）；从袖子造型上可分为除常规的有袖克夫的一片袖外，还

动画：女衬衫款式介绍

圆领角　　　　　　尖领角　　　　　　立领　　　　　　无领

图6-5 各种领型的女衬衫

有泡泡袖、灯笼袖、蝴蝶袖等各种变化袖型（见图6-6）。根据服装与人体的贴合程度，可分为紧身型、合体型和宽松型。紧身型女衬衫的胸围放松量在4～6 cm，合体型女衬衫胸围放松量一般取8～12 cm，宽松型女衬衫放松量一般在12 cm以上。从整体廓形上看，可分为H形、X形、A形、Y形及O形等。

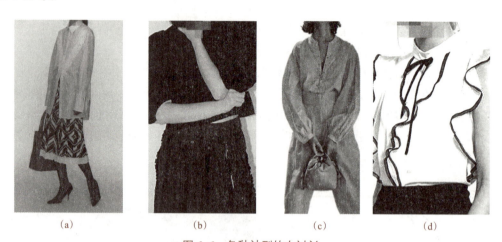

图6-6 各种袖型的女衬衫

（a）袖克夫袖；（b）泡泡袖；（c）灯笼袖；（d）蝴蝶袖

三、企业生产中的合体型衬衫案例

衬衫变化丰富，既可以用于休闲风格服装中，也可以用于职业风格的服装中。现代服装企业中的合体型女衬衫，被应用于春、夏季节产品中并赋予其职业风格特色，成为其典型的标签之一。图6-7所示为企业提供的职业风格的衬衫样衣工艺指导书。

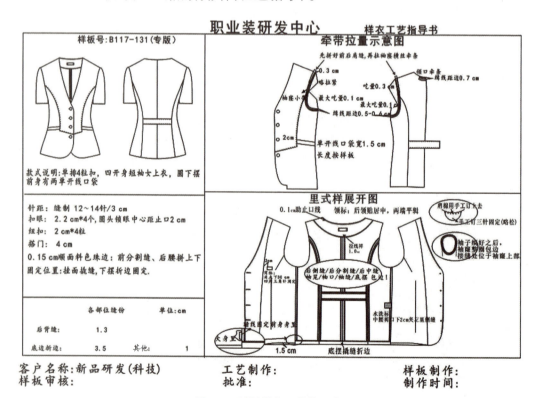

图6-7 衬衫样衣工艺指导书

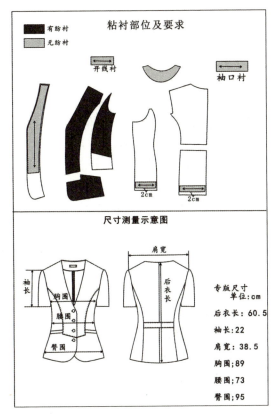

图 6-7 衬衫样衣工艺指导书（续）

四、服装毛样板的概念与分类

（一）服装毛样板的概念

服装毛样板是服装企业从事生产活动所使用的标样纸板，它是在服装结构图的基础上，增加周边放量、定位标记、文字标记等样板信息，然后裁制成的纸样。在服装企业的生产中，要最大程度地满足不同体型的穿着要求，因此，企业中应用的毛样板一般是按不同规格制作的系列化的样板，系列化的样板不属于本书的内容，因此不作讲解。本书中所做的毛样板，指的是单件服装的毛样板。

（二）服装样板与结构图的关系

（1）服装结构图。服装结构图是服装毛样板的基础，服装结构图可以采用不同的缩放比例绘制，与实物的大小可以不一致，不能直接用于排料、画线等生产操作。

（2）服装样板。服装样板是通过裁剪手段制作成的板样，它与服装裁片大小比例一致，可以直接用于生产活动中。

微课：服装毛样板的概念及分类

（三）服装毛样板的分类

服装毛样板按用途可分为裁剪样板和工艺样板两大类。

1. 裁剪样板

裁剪样板主要用于批量裁剪中的排料、画线等工序，它又可分为面料样板、里料样板、衬料样板等类型，特殊情况下还可能有内胆样板（如脱卸式棉衣等）、绣花样板等。

（1）面料样板。面料样板是用于裁剪面料的样板，面料样板一般都是带有缝份和折边的"毛缝"

样板，面料样板要求结构准确，标记清晰，最好在样板的正反两面都做好完整的标记，如号型、名称、纱向、数量等。

（2）**里料样板**。里料样板是用于裁剪里料的样板，一般要求里料略大于面料，以防止里子对面子产生牵制而使服装变形。

（3）**衬料样板**。衬料样板用于裁剪衬料的样板。衬料样板的形状、大小是根据不同的部位和工艺方法决定的。衬料样板一般取面料样板的某一部分，并根据不同的工艺要求加以修改，有时使用净样，有时使用毛样。衬料有无纺衬、有纺衬等多种类型。不同部位的衬料有不同的作用，其形状、类型应根据部位要求有选择地使用。

2. 工艺样板

工艺样板主要用于缝制过程中对衣片或半成品进行定形、定位等工序。其可分为定型样板及定位样板。

（1）定型样板。定型样板可分为画线定形样板、辑线进行样板、扣边定形样板（见图6-8）。

1）**画线定形样板**：用于对某些形状要求严格的部位和部件，先用定形样板画出辑线线路再辑线，以保证线迹规范、统一，如衣领、西装的驳头等部位。画线样板为净缝，一般采用硬卡纸制作。

2）**辑线进行样板**：直接用于辑线的定型样板，将样板覆合在部件上，样板的边沿外围辑线，这种方法既省略了画线的环节，又提高了辑线与样板的符合程度，如袋盖、下摆的圆角等部位，均可采用这种方法。辑线进行样板为净缝，一般采用砂布类材料制作，以增加附着力，以免缝制时样板随布料滑动移位。

3）**扣边定形样板**：扣烫部位边缘使用的样板，一般多用于只缉明线、不辑暗线的部位或部件，特别是边缘为弧线的部件，如圆角贴袋等。扣边样板为净缝。

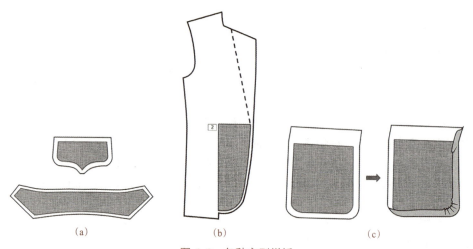

图6-8 各种定型样板

(a)画线定形样板；(b)辑线进行样板；(c)扣边定形样板

（2）定位样板。定位样板是指确定位置的样板，并在批量生产中，为了保证某些重要部位对称一致所采用的样板。其主要用于不允许钻眼定位的高档产品。定位样板一般取裁剪样板的相关局部。半成品的定位样板多采用毛缝样板，如袋位定位样板。成品中的定位多用净缝样板，如扣眼定位样板（见图6-9）。

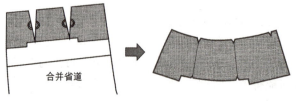

图6-9 裤子后袋定位样板

五、服装制版师国家职业技能标准（四级）技能与知识要求

对接服装制版师国家职业技能标准，能够解读衬衫结构并完成衬衫制版是考取四级服装制版师的必备技能。服装制版师国家职业技能标准（四级）技能与知识要求见表6-1。

表6-1 服装制版师国家职业技能标准（四级）技能与知识要求

服装制版师国家职业技能标准（四级/中级工）			
职业功能	工作内容	技能要求	知识要求
1. 产品款式分析	1.1 款式分析	1.1.1 能用文字描述衬衫等款式图的款式造型特点 1.1.2 能用文字描述衬衫等给定成品的款式造型特点	1.1.1 衬衫等款式图的基本知识 1.1.2 衬衫等造型的基本知识
	1.2 材料分析	1.2.1 能通过识读工艺文件或分析样衣，确定衬衫等所用面辅料的品类 1.2.2 能通过识读工艺文件，识别面辅料正反面和布纹方向，确认缩率 1.2.3 能用文字表达面辅料的材料特点和性能	1.2.1 衬衫等常用面辅料基本知识 1.2.2 纺织纤维的基本性能 1.2.3 服装工艺文件的基本知识
	1.3 结构分析	1.3.1 能通过识读工艺文件或测量样衣，确定衬衫等的结构特点 1.3.2 能通过识读工艺文件或测量样衣，确定衬衫等的规格尺寸 1.3.3 能制定衬衫等的细节部位规格尺寸	1.3.1 衬衫等服装结构与规格尺寸的基本知识 1.3.2 衬衫等服装尺寸测量的基本知识
	1.4 工艺分析	1.4.1 能用文字描述衬衫等的缝型、线迹并简要说明工艺要点 1.4.2 能用文字表达衬衫缝制加工的特殊工艺	1.4.1 衬衫等缝制加工工艺的基本知识 1.4.2 衬衫等缝制加工的特殊工艺
2. 样板绘制	2.1 结构图绘制	2.1.1 能识别和标注衬衫等样板的制图部位、线条名称、制图符号等 2.1.2 能通过识读款式图和规格尺寸参数，使用专用工具绘制衬衫等的结构图	2.1.1 衬衫结构图的基本知识 2.1.2 服装制图专业术语的基本知识
	2.2 基础样板制作	2.2.1 能使用专用工具，在结构制图基础上确定放缝，绘制衬衫等的裁剪样板、工艺样板等基础样板 2.2.2 能使用专用工具，制作衬衫等的基础样板，并标注文字、符号、标记等	2.2.1 衬衫等的样板制作基本知识 2.2.2 样板放缝的基本知识
	2.3 样板核验	2.3.1 能核验衬衫等的基础样板，识别线条轮廓中的错误并修正 2.3.2 能核验衬衫基础样板的数量、规格尺寸，识别错误并修正 2.3.3 能通过制作衬衫等的假缝坯样验证基础样板并修正	2.3.1 衬衫样板核验的基本知识 2.3.2 衬衫假缝工艺的基本知识

任务实施

一、合体型腋下省女衬衫的结构制版

1. 款式特点

合体型腋下省女衬衫是经典的衬衫款式，如图6-10所示。领型为小尖领，前门襟为明门襟，左

胸贴袋，门襟为6粒扣，收前后腰省、腋下省和后肩省，略吸腰；长袖袖口有两个褶裥，装袖头，底摆为圆弧造型。

微课：合体型腋下省女衬衫案例——后片结构制版

微课：合体型腋下省女衬衫案例——前片结构制版

微课：合体型腋下省女衬衫案例——领、袖结构制版

PPT：合体型腋下省女衬衫案例——后片结构制版

PPT：合体型腋下省女衬衫案例——前片结构制版

PPT：合体型腋下省女衬衫案例——领、袖结构制版

正面　　　　背面

图6-10　女衬衫三维效果图

动画：合体型腋下省女衬衫的三维效果

2. 规格设计

成衣尺寸规格如表6-2所示。

表6-2　成衣尺寸规格表　　　　　　　　　　　　　　　　　cm

部位	155/80A	160/84A	165/88A	档差
衣长L	56	58	60	2
胸围B	88	92	96	4
腰围W	74	78	82	4
臀围H	92	96	100	4
肩宽S	37	38	39	1
袖长SL	54.5	56	57.5	1.5
袖口围	20	21	22	1
袖头长	22	23	24	1
袖头宽	4	4	4	0

3. 结构制图

以 160/84A 的中间号型进行图 6-11 所示的结构制图。

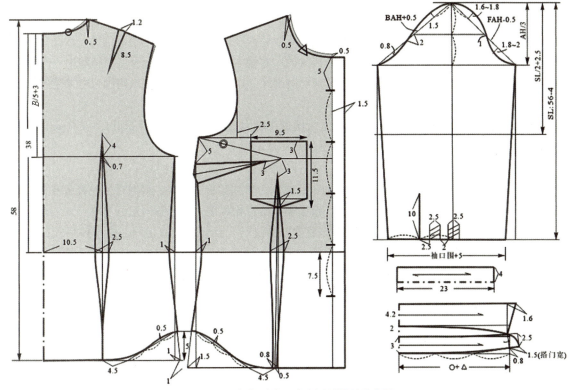

图 6-11　合体型腋下省女衬衫的结构制图

二、结构解析

（一）衣身结构解析

1. 衬衫的规格设计

本案例属于合体型衬衫，以 160/84A 体为例，三围放松量可参考图 6-12，胸围的尺寸是在净胸围的基础上加 8 cm 的放松量；腰围的尺寸是在净腰围的基础上加 10 cm 的松量；臀围的尺寸是在净臀围的基础上加 6 cm 的松量得到的。

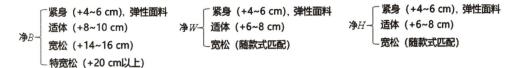

图 6-12　女衬衫服装三围放松量参考

2. 结构与款式造型要对应

服装结构制图与款式要求必须准确对应，缝制成衣才能与款式造型完全一致，制图完成后，要再次对比款式图与结构制图，确保对应关系准确。在此款衬衫中，后片是一整片，后中缝是不断开的，因此，在结构制图中，与后中心线处断开的款式有所不同，后中心线处不能设计收腰量，必须绘制成一条直线才能实现连裁，且根据结构制图符号要求，后中心线的直线要画成点画线来表示对折裁剪。前片有一个斜向的腋下省，要将基础省转移到腋下省中，呈略倾斜向上的斜线型，造型比较舒适美观。在整个款式中有四个腰省，对应到半身制图中，就是一个后腰省和一个前腰省，两个腰省要通到底摆线。

3. 损耗量的概念

在企业生产打板中，损耗量既包括样板上因省道、拼缝缝合损失的尺寸量，也包括面料在缝制过程中的缝缩量等。本书主要讲解制版的方法，所以暂时不考虑面料的缝缩量等问题，因此，在这里所说的损耗量单指样板中省道、拼缝缝合损失的尺寸量。胸围尺寸是制版及成衣核验时一个重要的指标，在制版时，要提前将预估的损耗量加到胸围尺寸中，缝制完成的成衣胸围尺寸才能符合规格要求。

在如图 6-13 所示的衬衫中，损耗量就是后腰省在胸围缝进的部分，合计是 0.5～0.7 cm，两个后片合计 1～1.5 cm。因此，制版时前后胸围的尺寸是（B+ 损耗量 1.5）/4。

4. 领口的调整

如图 6-14 所示，衬衫通常穿着于外衣的内层或作为单独穿着的上衣，根据衬衫的着装方式及服装的风格适当考虑衬衫领口的开宽与挖深，根据领口的宽松程度，横开领一般开宽 0～0.5 cm。需要注意的是，前片和后片的横开领开宽操作需要一并进行，且开宽数值相同，这样前后领口的结构才能对应，而领深的设计前后片无对应关系，后领深通常取后领宽的 1/3，前领深可以适当挖深 0.5 cm。总之，领口越大，衬衫越活泼休闲；反之，衬衫相对较为正式。

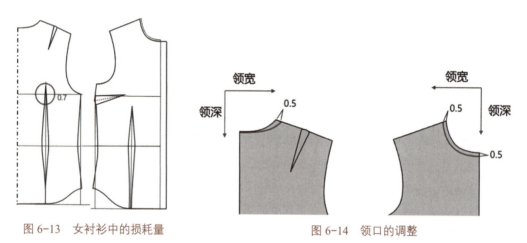

图 6-13　女衬衫中的损耗量　　　　图 6-14　领口的调整

5. 肩部结构分析与绘制

后肩省是因人体肩胛骨凸起而形成的服装表面肩部的省道，女衬衫中后肩部的结构造型通常有两种，一种是有后肩省形式；另一种是无后肩省形式（见图 6-15）。

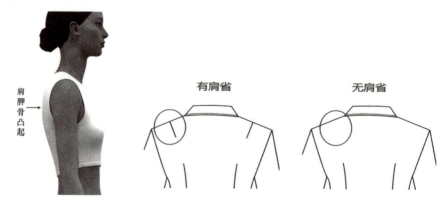

图 6-15　有后肩省与无后肩省结构

（1）有后肩省结构：如图6-16所示，在后肩线的二等分点上做8.5 cm长的垂直线，通过旋转开省1.2 cm，完成的后肩省宽度为1.2 cm，长度为8.5 cm。

（2）无后肩省结构：无肩省结构在服装中的应用更为普遍，在制版时无后肩省结构的处理方法，可以从侧颈点向外水平绘制15 cm，向下4.8 cm，绘制出肩斜线，然后在肩斜线上量取1/2肩宽确定后肩端点。在无后肩省的服装中，要使后小肩线略长于前小肩线0.5～0.7 cm，在前后小肩线拼缝缝合时，长出的部分作为后小肩线的缝缩量，以适当地满足人体肩胛骨凸起的需要（见图6-17）。

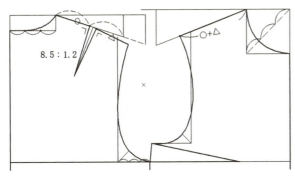

图6-16　后肩省结构转化过程

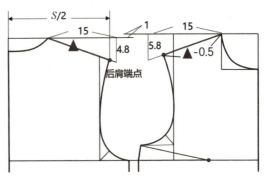

图6-17　无肩省结构的制版

6. 明门襟与暗门襟

在服装的前胸部位从头到底的开口为门襟。明门襟就是扣好纽扣可以直接看见纽扣；暗门襟就是扣好纽扣后看不见纽扣，纽扣是隐藏的，如图6-18所示。暗门襟在一定程度上给人以整洁的感觉。明门襟的形式一种是内贴边式；另一种是加门襟条作为装饰，既可以与面料同色，也可以设计为撞色，起到一定的装饰作用。在本项目的衬衫中，选用第二种加门襟条式。

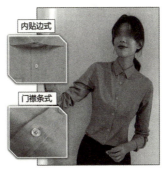

图6-18　明门襟与暗门襟

7. 搭门设计

搭门也称叠门，是在服装开口的门襟处钉缝扣子必须的叠合量，在制图中，就是在前中心线平行向外添加的部分。搭门量的大小与扣子有关系，通常搭门量＝扣子直径+0.5 cm，衬衫面料较薄，一般选用直径为1 cm左右的扣子，依据这个公式，衬衫的搭门量取1.3～1.5 cm即可。

8. 前后片下平线的关系

在常规服装中，前片下平线要低于后片下平线1 cm，视觉上比较平稳舒适。但对于特殊造型的服装，如款式要求前短后长，则另当别论，根据款式要求具体设计即可，但要注意解决衣身平衡问题，成衣不能出现前片起吊等弊病。

9. 侧缝的绘制

在腰部内收，底摆向外展开，绘制顺直平滑的侧缝线，符合人体的腰部内收、臀部外凸的结构特征，线条要从内凹顺滑过渡转化为外凸的曲度。

10. 腰省的绘制及结构分析

（1）前后腰省的绘制：省道是服装从平面过渡到立体造型的一种结构方法，从成衣上看，它是一条线，从平面样板上看，它是两条线，通过中间收掉一部分面料，达到收腰的立体造型。

在本案例中，后衣片的腰省位置是从后中线向内量取10.5 cm，后腰省的上省尖止点在胸围线以上4 cm，省的大小是2.5 cm，省道在距离臀围线5 cm的位置要闭合，并绘制到底摆线。

前衣片的腰省位置是取在侧缝内收后剩余的腰线部分的二等分,也可以在二等分的基础上再向中心方向移动一点,这里取二等分的基础上内移 0.8 cm 绘制竖直线。然后将这一条竖直线在下平线上向外倾斜 0.5 cm,绘制一条微微倾斜的省中线,上端距离 BP 点 3 cm,以省中线为中心,腰部内收 2.5 cm,臀围处内收 0.8 cm,绘制省道的两条边线,省道边线的造型在腰部要内凹,靠近臀围的位置要外凸,这样才符合人体从腰部到臀部圆滑的曲面转化结构。初学者要思考人体结构,认真观察线条的曲度,模仿绘制。腰省的位置可以在腰线上左右稍做平行移动,但从横向比例上看,腰省所处的位置在样片的中间偏服装中心方向一些。

(2)前后腰省的结构分析:如图 6-19 所示,从人体三维的侧面能够看出,后片吸腰量更大,因此,对于一些合体度高的服装,如传统收腰旗袍,省道最好的分配方法是后片省量略大于前片省量。但对于腰部相对宽松的服装来说,前后片省量可以等量大小。

对比前后片的省道,为什么后片省道的绘制方法与前片不同?为何前片臀围处内收 0.8 cm,而后片不需要?这是由女性人体的腹部较为平坦,而臀部更为凸出的体型特点决定的。

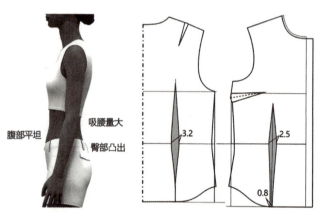

图 6-19 前后腰省结构及绘制

11. 腋下省的转移与绘制

腋下省呈斜向上的形状较为美观,可以从侧缝上端向下取 5~8 cm,在本项目中,从侧缝向下量取 5.5 cm,连接至 BP 点,基础省的大小是 3.5 cm,将基础省转移到 5.5 cm 的斜线中,调整省尖距离 BP 点 3 cm,并将省道端口封闭(见图 6-20)。

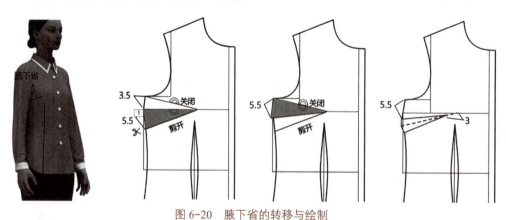

图 6-20 腋下省的转移与绘制

12. 扣位的设计

如图 6-21 所示,从衬衫三维效果图中能够看到,衬衫的第 1 粒扣子是在衬衫领的领座上,因此,在衣身上的第 2 粒扣子,在前衣片样板上是第 1 粒扣子,位置是距离领口线向下 5 cm 处。在穿着衬衫时，有时会将衬衫领上的扣子敞开，因此，这一粒扣子的位置就要兼顾功能和美观的需要，太高不美观，太低不雅观，一般取 5 cm 比较合适。最后一粒扣子是在腰围线向下 8 cm 的位置，中间部分进行四等分，加上领座的 1 粒扣，共计 6 粒扣。

13. 扣眼的绘制

1 cm 的扣子直径，扣眼就是 1 cm。扣眼的绘制是线外 0.3 cm，线内 0.7 cm。只有这样绘制的扣眼，才能保证扣子与扣眼扣齐之后，扣子正好处于前中心线上，0.3 cm 就是钉缝扣子的线座所需要的空间，即线座容量。

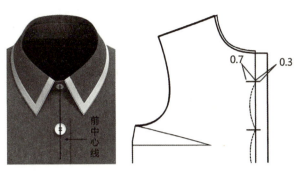

图 6-21 扣位及扣眼的绘制

（二）衣领结构解析

衬衫领是缝装在衣身领口上的，与衣身领口存在组合关系。首先要量取衣身样板的前后领口弧线的长度，在此基础上制图绘制领座（立领）和翻领。设计领座宽度为 3 cm，翻领宽度为 4.2 cm（见图 6-22）。

1. 领座（立领）的绘制

（1）如图 6-23（a）所示，绘制水平线，长度等于前后领口弧的总长度，设计起翘量为 0.8 cm，将水平线进行三等分，取第一点分点与 0.8 cm 相连，并延长 1.5 cm 的搭门宽度，绘制圆顺平滑的领下口线。

图 6-22 衬衫领结构

动画：衬衫领的三维效果

（2）如图 6-23（b）所示，绘制竖直线，在竖直线上量取立领的宽度为 3 cm，间隙量为 2 cm，翻领的宽度为 4.2 cm，从 3 cm 的点绘制横向线，垂直于领下口线绘制立领前面的宽度为 2.5 cm，以领下口线与竖直线的交点，绘制前立领宽线的平行线，大约是从竖直线向内 0.5 cm。

（3）如图 6-23（c）所示，绘制立领上口线及小鸟头的造型，并绘制扣眼的位置，与衣身扣眼的画法相同，扣眼的绘制是线外 0.3 cm，线内 0.7 cm，立领的纱向线是横向的。立领绘制完成。

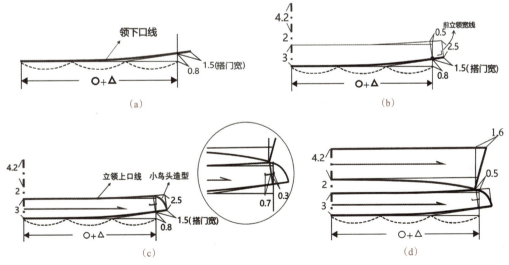

图 6-23 衬衫领的制图

2. 翻领的绘制

如图 6-23（d）所示，绘制水平线，绘制顺直平滑的翻领下口线至内收 0.5 的点，绘制横向的领外口线，在竖直线向外出 1.6 cm。翻领绘制完成。

在设计领子造型时，一方面要使翻领的宽度大于立领的宽度，确保翻领能盖过领座与衣身的缝合线；另一方面要注意起翘量与间隙量的关系，间隙量大约是起翘量的 2 倍，间隙量与起翘量的关系：当间隙量 <2a 时，翻领下口线曲度 ≈ 领座上口线曲度，成型的翻领与领座贴合较紧；当间隙量 >2a 时，翻领下口线曲度 > 领座上口线曲度，成型的翻领与领座间空隙较大。

（三）衣袖结构解析

1. 一片袖的结构制图

（1）袖长：取 57 减去 4 cm 的袖克夫宽度。

（2）袖口宽度设计：在基本袖口围 21 cm 的基础上加上两个活褶 5 cm，后袖口取 13.5 cm，前袖口取 12.5 cm。

（3）袖开衩的位置及大小：取后袖口的二等分点作 10 cm 的袖开衩长。

（4）袖山高的取值：此处用公式 AH/3，是较为合体的袖山高公式。根据服装的宽松程度，袖山高公式可以取 [AH/4+（2～2.5）] cm；或者在此基础上，在 AH 数值不变的前提下，适当降低袖山高，加大袖肥。同时，随着袖肥的加大，袖型更加宽松，袖山弧线的曲度也趋向平缓。

（5）袖克夫长度设计：在基本袖口围 21 cm 的基础上加 2 cm 的搭门量。

2. 袖山弧线与袖窿弧线的关系

袖子要缝装于衣身袖窿，因此，袖山弧线与袖窿弧线存在组合关系，为了袖山头饱满又圆顺，袖山头需要增加吃势量，即袖山弧长 > 袖窿弧长。本案例中袖山弧长 > 袖窿弧长 2～2.5 cm，袖山吃势量与面料的厚度有关，面料越厚，吃势量越大。衬衫中因面料较薄，所需吃势量小于西装中的吃势量。

另外，袖山吃势量的设计还应根据不同的工艺方法来确定，如图 6-24 所示，装袖缝份倒向袖子时，袖山弧 > 袖窿弧为 1～3 cm；装袖缝份倒向衣身时，为了保证绱袖缝边缘平整无褶皱，袖山弧 = 袖窿弧。要根据吃势量的大小，来确定前后袖山斜线的取值。因此，前后袖山斜线的取值范围是在前、后 AH 的基础上 ±0.3 cm 左右。

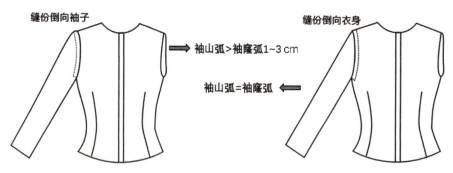

图 6-24　不同工艺的袖山吃势量设计

技能拓展

一、合体型腋下省女衬衫毛样板制作

从样板到缝制成衣，中间还需要裁剪、缝制、熨烫等生产加工环节，在这些环节中都离不开服装的毛样板，可以说，没有服装毛样板，现代服装工业生产就难以正常进行。服装结构制图是制作服装样板的第一步，后续还要在准确无误的结构制图上，经过拓印、合并、分离等方法进行净样板的确认，并在净样板基础上，进行毛板放缝、推板等毛样板的制作过程。服装毛样板已经成为衡量一个企业技术水平的重要指标。本教材重点讲解毛缝样板的制作等内容。

要求样板的制作过程必须科学严谨，对投入生产的样板，针对客户和工艺的要求，要进行试制、试穿、修正等环节，做到准确无误后才能投入批量生产，绝不可粗心大意。

微课：合体型腋下省女衬衫毛样板的制作

PPT：合体型腋下省女衬衫案例——毛样板的制作

（一）净样板确认

女衬衫净样板确认如图 6-25 所示。

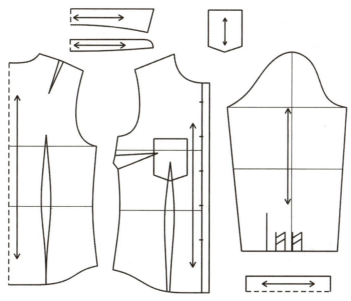

图 6-25　女衬衫净样板确认

（二）毛样板制作

女衬衫的毛样板如图 6-26 所示。

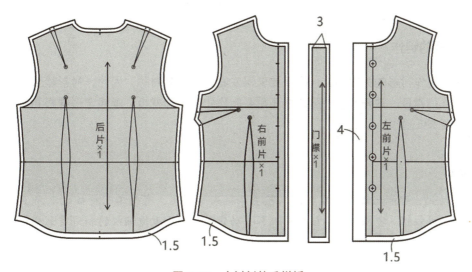

图 6-26　女衬衫的毛样板

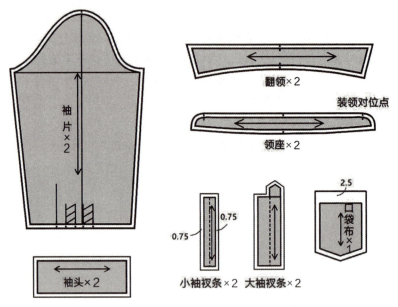

图 6-26　女衬衫的毛样板（续）

（三）衬料样板的制作

衬料的样板要比面料的样板周围略小 0.3 cm，如图 6-27 所示。

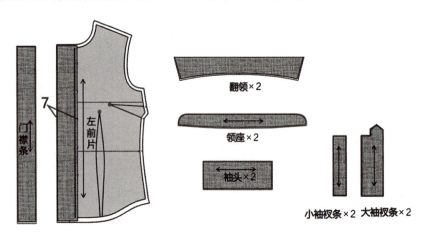

图 6-27　衬料的样板

二、工艺样板的制作

衬衫领是制作衬衫的关键部位，而且要确保左右领型完全对称，因此，衬衫领部位需要制作画线定形样板，门襟条、袖开衩条、贴口袋还需要制作扣边定形样板。画线定形样板和扣边定形样板一般是使用硬卡纸制作的净板。

💡 小贴士

随着自动化、智能化设备的发展，工艺步骤越来越简化，有些工艺样板也渐渐不再需要。例如，有了自动袖衩机，烫袖衩、绱袖衩由机器自动完成，用于熨烫袖衩的扣边定形样板也就不再需要了。

三、服装 CAD 数字制版实践

用服装 CAD 软件完成合体型腋下省女衬衫的制版、毛样板的制作，并能够对样板进行复核检查、文字标识、剪口标注等。

微课：合体型腋下省女衬衫CAD实操——衣身制版

微课：合体型腋下省女衬衫CAD实操——领、袖制版

微课：合体型腋下省女衬衫CAD实操——裁剪样板的制作

四、合体型女衬衫制版拓展案例

（一）无领收腰女衬衫的结构制版

衣身为四开身，领口为分割的圆形无领领口，领口分割线处有碎褶设计；后中线断开，前、后片腰部设计横向断开缝，断开缝上面保留前腰省和后腰省；袖子为短袖，袖口碎褶设计；后中缝装拉链（见表6-3、图6-28、图6-29）。

图 6-28　无领收腰女衬衫款式图

表 6-3　成衣规格表

号型	部位名称	后衣长 L/cm	后腰节长/cm	胸围 B/cm	肩宽 S/cm	袖长/cm	袖口围/cm
160/84A	净体尺寸	54	40	84	38.4	52（臂长）	30
160/84A	成品尺寸	54	40	94	39	25	30

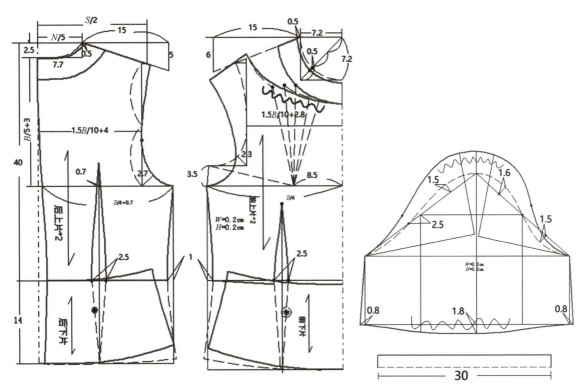

图 6-29　无领收腰女衬衫的结构制图

（二）斜襟立领女衬衫的结构制版

前衣身胸下设计斜向断开缝，断开缝以上有碎褶，断开缝以下有腰省至底摆，腰身吸腰，门襟 5 粒扣设计；后片设计腰部横向断开缝，断开缝以上有腰省，底摆为直摆；袖子为一片袖、宽袖头，袖山、袖口都有碎褶设计的灯笼袖（见表 6-4、图 6-30、图 6-31）。

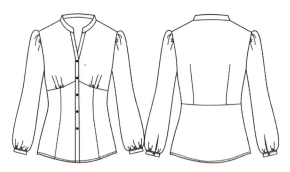

图 6-30　斜襟立领女衬衫款式图

表 6-4　成衣规格表

号型	部位名称	后衣长 L/cm	后腰节长 /cm	胸围 B/cm	肩宽 S/cm	袖长 /cm	袖口围 /cm
160/84A	净体尺寸	58	40	84	38.4	52（臂长）	22
160/84A	成品尺寸	58	40	94	39	57	22

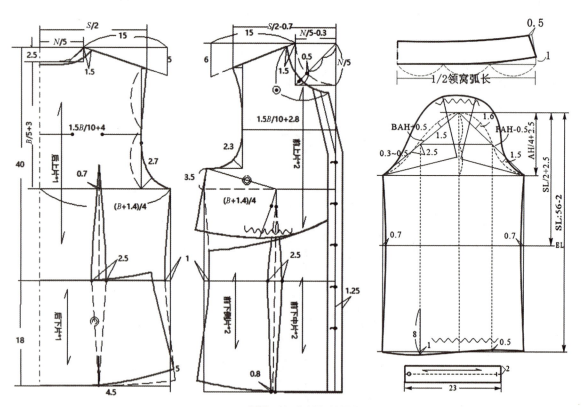

图 6-31　斜襟立领女衬衫的结构制图

任务评价

依据国家职业技能标准服装制版师操作技能（四级）的评分标准，设计合体型腋下省女衬衫结构制版任务评价表，请完成并将评价结果填写在表 6-5 中。

表 6-5　合体型腋下省女衬衫的结构制版任务评价表

班级						姓名		
工作任务						学号		
项目	内容		技术要求	配分	评分标准	学生自评（40%）	教师评分（60%）
产品款式分析	款式分析	1	衬衫的款式造型特点描述准确	5	不规范适当扣分		
	结构分析	2	衬衫的结构、工艺特点描述准确	5	不规范适当扣分		
结构制图	衣身	3	部件齐全（腰省、腋下省、肩胛省、搭门线、扣位等）	10	缺一扣 2 分		
		4	衣身结构比例设计合理、准确	10	根据偏差适当扣分		
		5	腰省位置及造型合理、准确	5	不规范适当扣分		
		6	肩胛省结构准确	5	不规范适当扣分		
	衣领	7	领座与翻领宽度设计合理、准确	5	根据偏差适当扣分		
		8	领角造型美观、合理	5	根据美观度适当扣分		
	衣袖	9	部件齐全（衣袖、袖克夫）	5	缺一扣 2.5 分		
		10	袖口结构准确（袖衩、活褶）	5	一处错误扣 2.5 分		
		11	袖山吃势量设计合理	5	不规范适当扣分		
		12	袖山弧线、袖缝线结构正确、绘制流畅	5	不规范适当扣分		
毛样板制作	部件	13	部件齐全（衣身、衣领、衣袖、袋布、包条等）	5	缺一扣 1 分		
	缝份	14	各部位毛板放缝尺寸是否合理（衣身、衣袖、袖头、领座、翻领、口袋等）	10	一处错误扣 1 分		
	信息	15	裁片信息标注完整（裁片纱向、名称、片数、规格等）；对位点、褶位、省位等标记是否清晰	5	缺一扣 0.5 分，不规范适当扣分		
工具使用		16	服装 CAD 软件应用的准确度、熟练度或绘图工具使用的准确度、熟练度	5	不规范适当扣分		
工作态度		17	行为规范、态度端正	5	不规范适当扣分		
综合得分							

前沿技术

免烫衬衫中成衣免烫和免烫面料的区别

成衣免烫即做好的整件衬衫都达到了免烫标准，不仅是衬衫面料，而且包含所有衬衫的接缝处。免烫面料即针对面料做的免烫处理，如果在制作过程中对于接缝处没有做免烫工艺的处理，后期穿着过程中接缝处就会起皱。

如图 6-32 所示，左边所示的是在接缝处加了嵌条的，因此面料洗后不会皱；右边所示的是在接缝处没有嵌条的，洗过之后有明显褶皱痕迹，影响美观。

文本：国家职业技能标准服装制版师操作技能（四级）评分标准

图 6-32　衬衫接缝处加嵌条和不加嵌条的面料洗后对比

衬衫常用面料为棉材质面料，这种面料本身不具备良好的抗皱性，要想使其具备一定的抗皱属性必定得经过后期处理，也就是免烫工艺。常见的免烫工艺有 HP 免烫、VP 免烫、DP 免烫、TP 免烫，采用各种工艺处理后的衬衫抗皱等级也不同，对于面料的影响也有差别。

1. HP 免烫

将衬衫面料浸泡在树脂溶液中，然后再经过高温烘焙使面料纤维间的分子结构发生改变，达到免烫的效果。

抗皱等级：2 级。

优点：成本低、操作简单。

缺点：经过浸泡的面料高温挥发不会很彻底，有甲醛的残留，不健康不环保，残留物会堵塞纤维之间的空隙，透气性变弱。

2. VP 免烫

HP 免烫工艺是直接用溶液浸泡面料，而 VP 免烫是先通过机器设备将溶液变为蒸汽，再将蒸汽作用于面料，从而改变面料纤维之间的分子结构，提升面料抗皱能力。

抗皱等级：3 级。

优点：蒸汽能更充分的与面料接触，稳定性变强，同时不会有液体残留堵塞面料纤维之间的空隙，透气性也更好。

缺点：依然会有甲醛残留。

3. DP 免烫

DP 免烫使用先进的压烫技术分别对衬衫的各个部位进行处理，在这个过程中加入助剂使面料的纤维分子结构发生变化产生交链，从而达到免烫的效果。

抗皱等级：4级。

优点：甲醛的残留接近0，对于面料的手感及透气性影响很小。

缺点：衬衫接缝处的位置依然会皱。

4. TP免烫

TP免烫可以说是DP免烫技术的升级，在衬衫接缝处内嵌嵌条，使得接缝处也变得不容易皱。

抗皱等级：4.5级。

优点：抗皱性好，能够最大限度地保留面料质感。

缺点：工艺复杂程度高，制作成本高。

巩固训练

1. 简述女衬衣省道设计与转移的原则。
2. 分析有肩胛省、无肩胛省两种肩部的结构形式，并进行制图。
3. 简述何为服装毛样板。
4. 简述服装样板中对位标记的作用，列举出衬衫中三处对位标记。
5. 圆摆衬衫和直摆衬衫在底摆处的缝份量设计相同吗？说说理由。
6. 设计一款衬衫领、画出款式图，并据此绘制其结构图（领口围 $N=40$，领座宽度为3 cm，翻领宽度为4.2 cm）。

要求：（1）款式清晰，规格尺寸合理；

（2）线条规范，标明丝缕符号。

（3）在结构制图上标出主要部位的公式；

（4）按照1∶5的比例制图，各部位比例准确，分割合理。

任务二　宽松型坦领女衬衫的结构制版

任务导入

在合体型腋下省女衬衫款式的基础上，可以衍生出各种变化款式的衬衫。本任务首先分析衬衫的主要结构变化，然后衍生设计一款宽松型坦领女衬衫，学习从合体型衣身到宽松型衣身的结构变化、褶皱的结构处理、坦领的结构设计等内容。培养能够活学活用、举一反三、解决实际问题的能力。

观察图6-33所示的两款褶皱衬衫，思考衣身褶皱如何通过结构变化得到。

图6-33　褶皱衬衫

知识储备

"褶皱"作为塑造服装造型和面料质感的一种重要手段，可以增加服装的审美情趣和着装形式的多样性，是常用的工艺手法之一（见图6-34）。

平领又称坦领，是一种几乎没有领座的领型。其具有浪漫、优雅、俏皮的风格特征，常用于休闲的现代女装设计中（见图6-35）。

微课：衬衫的变款设计

图6-34　服装褶皱结构　　　　　　图6-35　平领结构

任务实施

一、宽松型坦领女衬衫的结构制版

1. 款式特点

如图6-36所示，宽松型坦领女衬衫外轮廓呈直筒宽松型，衣身较长，坦领，肩部育克分割收细褶，无腰省，平下摆，灯笼袖，袖口收碎褶，装窄袖头。前中开半门襟的套头款式，钉五粒扣。

正面　　　背面

图 6-36　宽松型坦领女衬衫款式图

动画：宽松型女衬衫的三维效果

2. 规格设计

成衣尺寸规格如表 6-6 所示。

表 6-6　成衣规格表

号型	部位名称	后衣长 L/cm	背长 /cm	胸围 B/cm	肩宽 S/cm	袖长 /cm	袖口围 /cm
160/84A	净体尺寸	64	38	84	38.4	52（臂长）	22
160/84A	成品尺寸	64	38	96	39	58	22

3. 结构制图

以 160/84A 的中间号型进行图 6-37 所示的结构制图。

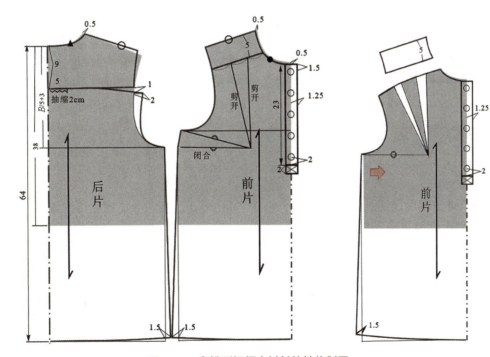

图 6-37　宽松型坦领女衬衫的结构制图

微课：宽松型女衬衫案例——衣身结构制版

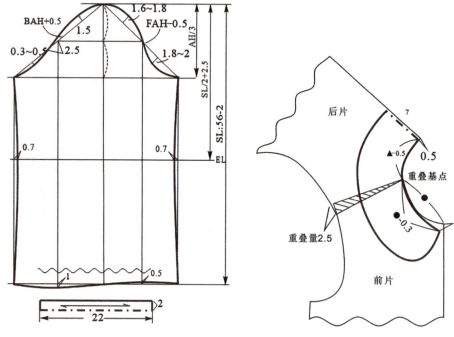

图 6-37 宽松型坦领女衬衫的结构制图（续）

二、结构解析

（一）衣身结构设计

1. 育克分割设计及后肩省转移

后领深点下落 9 cm，做后衣片育克分割线，从前片肩线向内 5 cm 进行育克分割。前后片育克以肩缝拼合成一片，也称过肩。后肩省全部转移至袖窿育克分割线中，1/2 作为袖窿的松量处理，另 1/2 放到育克分割线中，随育克分割去除。

2. 前片褶皱结构设计方法

如图 6-38 所示，首先将育克分割线进行三等分，从 BP 点绘制三条剪开线，将基础省全部转移至剪开线中，修顺样板的外轮廓，标注缩褶符号，得到褶皱样板。

3. 前中短门襟的画法

根据前中的短门襟造型设计绘制门襟的长度 25 cm 及宽度 2.5 cm，做前中心线的平行线，两线间距 1.25 cm 为叠门线，门襟下止口在胸围线向下 5 cm 处。

4. 扣位的确定

第一粒扣子的扣位：在前中线上，前领窝向下 1.5 cm。最后一粒扣的扣位：门襟下止口线向上 2 cm 是最后一粒扣子的扣位。中间线段四等分，为 5 粒扣的位置。

（二）衣袖结构设计

1. 袖筒的造型设计

此款服装袖身呈筒状，是休闲活泼的袖型，袖子的造型还可以有多种呈现形式，如可做成中间收窄，下端灯笼状的形态。在结构上要将前后侧缝线的袖中线两侧的位置内收量增大，同时，增加袖口的尺寸。

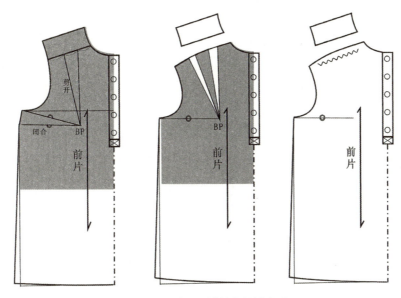

图 6-38　前片褶皱结构设计方法

2. 袖口线的绘制

后袖中间位置凸起 1，前袖中间位置凹进 0.5，依次画顺袖口曲线。袖口线后凸前凹的曲线形态，是因为人体胳膊放松状态下自然前倾的弯势使前袖中间位置略高于后袖中间位置。

（三）平领结构设计

由于平领平摊在肩部，样板制作时，是将前后衣身肩线叠合绘制平领领型。

1. 拓印前后衣身的样板

首先取出已经制作完成的前后衣身的样板，并拓印前片的领口弧线、前肩线、前中线及搭门线，并以侧颈点为重叠基点，前后肩线重叠量为 2.5 cm，拓印后片的领口弧线、后肩线，后中线。

2. 产生领座的方法

为了确保下口线与衣领窝接缝处不外露，平领虽坦于肩部，但也要有少许领座。产生领座的方法就是以侧颈点为重叠基点，将前后肩线交叉重叠，重叠量为 1～1.5 cm，领座高约为 1 cm；重叠量为 2～2.5 cm，领座高约为 1.5 cm。领座的高度由重叠量的大小决定。本款领子重叠量取 2.5 cm。肩线重叠越大，领座变高，越趋向于翻领，重叠量越小，领座变低，越趋向于披肩领。

3. 特殊的制作工艺要求

如图 6-37 所示平领的制图，领子的前半部分领长比前领窝少 0.3 cm，后半部分比后领窝少 0.5 cm。因此，此时的领下口线比领窝少的量前后加起来是 0.8 cm。这个量是拔领座的量，拔开的位置约在侧颈点前后各 3 cm。只有经过拔开领座的领子，制作出来的领型才会翻折线自然弯转，圆顺且有立体感，绱领拼缝不外露。

技能拓展

一、宽松型坦领女衬衫毛样板制作

样板的制作过程必须科学严谨，对投入生产的样板，针对客户和工艺的要求，要进行试制、试穿、修正等环节，做到准确无误后才能投入批量生产，绝不可粗心大意。

1. 净样板确认

宽松型坦领女衬衫净样板确认如图 6-39 所示。

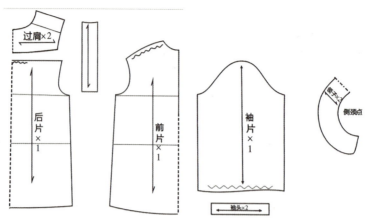

图 6-39　宽松型坦领女衬衫净样板确认

2. 毛样板制作

宽松型坦领女衬衫的毛样板如图 6-40 所示。

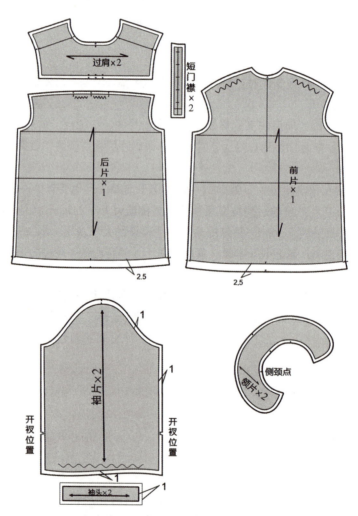

图 6-40　宽松型坦领女衬衫的毛样板

二、宽松型女衬衫制版拓展案例

款式特征：通肩缝转折至前中断开，断开缝以下衣身连裁，有碎褶设计；前中门襟有一定斜势，两粒扣，腰身宽松，底摆为直摆。袖子为一片式泡泡袖，袖口设窄袖头，袖山与袖口处都有碎褶（见表6-7、图6-41、图6-42）。

表 6-7　成衣规格表

号型	部位名称	后衣长 L/cm	后腰节长 /cm	胸围 B/cm	肩宽 S/cm	袖长 /cm	袖口围 /cm
160/84A	净体尺寸	60	40	84	38.4	52（臂长）	22
160/84A	成品尺寸	60	40	96	40	56	22

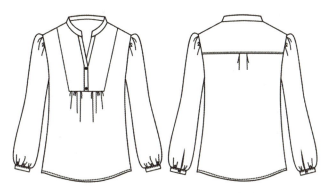

图 6-41　宽松型女衬衫拓展案例款式图

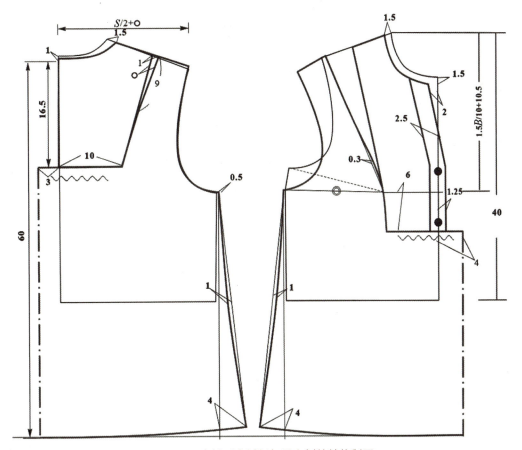

图 6-42　宽松型女衬衫拓展案例的结构制图

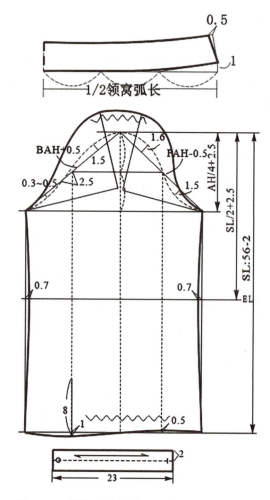

图 6-42　宽松型女衬衫拓展案例的结构制图（续）

小贴士

灯笼袖、平领是衬衫中经典且应用广泛的袖型和领型，可以衍生出很多不同的造型，如改变平领的宽度、领角改变为尖型，就可以得到很多不同形态的领型。在理解原理的基础上，要结合流行款式进行制图拓展练习，通过动手实践，达到举一反三、活学活用的目的。

任务评价

在宽松型坦领女衬衫的结构制版任务结束后进行任务评价,任务评价结果请填写在表 6-8 中。

表 6-8 宽松型坦领女衬衫的结构制版任务评价表

班级						姓名	
工作任务						学号	
项目	内容		技术要求	配分	评分标准	学生自评（40%）	教师评分（60%）
结构制图	衣身	1	部件齐全（过肩、前门襟、肩胛省、搭门线、扣位等）	10	缺一扣 2 分		
		2	衣身结构比例是否准确	10	根据偏差适当扣分		
		3	衣身造型及廓形是否准确	5	不规范适当扣分		
		4	过肩结构是否合理	5	不规范适当扣分		
	衣领	5	领座与翻领宽度设计是否合理	5	根据偏差适当扣分		
		6	领角造型是否美观合理	5	根据美观度适当扣分		
	衣袖	7	部件齐全（衣袖、袖克夫）	5	缺一扣 2.5 分		
		8	袖口结构准确（袖衩、活褶）	5	一处错误扣 2.5 分		
		9	袖山吃势量是否合理	5	不规范适当扣分		
		10	袖山弧线是否顺滑、流畅	10	不规范适当扣分		
毛样板	部件	11	部件齐全（衣身、衣领、衣袖、袋布、包条等）	10	缺一扣 2～3 分		
	缝份	12	各部位毛板放缝尺寸是否合理（衣身、衣袖、袖头、领座、翻领、口袋等）	5	一处错误扣 1 分		
	信息	13	裁片信息标注完整（裁片纱向、名称、片数、规格等）；对位点、褶位、省位等标记是否清晰	10	缺一扣 2 分，不规范适当扣分		
工具使用		14	CAD 软件应用的准确度、熟练度或绘图工具使用的准确度、熟练度	5	不规范适当扣分		
工作态度		15	行为规范、态度端正	5	不规范适当扣分		
综合得分							

巩固训练

1. 简述褶皱的表现形式。
2. 过肩结构常见于哪一类服装中，其结构要点是什么？
3. 设计一款平领，画出款式图，并据此绘制其结构图（领口围 N=40，平领宽度为 6 cm）。
   要求：（1）款式清晰，规格尺寸合理；
   （2）线条规范，标明丝缕符号。
   （3）在结构制图上标出主要部位的公式；
   （4）按照 1∶5 的比例手工制图或用服装 CAD 制图，各部位比例准确，分割合理。

项目七
中西合璧 女西装制版案例应用

项目描述

西装,广义是指西式服装,是相对于"中式服装"而言的欧系服装。西装起源于17世纪的欧洲,其着装效果大方简洁,端庄挺阔,19世纪40年代前后传入中国。对接职业技能鉴定标准,能够解读西装结构并完成西装制版是考取"二级"服装制版师的必备技能。本项目包括两个西装任务,即四开身刀背缝女西装和立领泡泡袖女西装的制版。四开身刀背缝女西装是现代女西装中最传统、经典的款式,学习四开身刀背缝女西装是款式拓展变化的基础;立领泡泡袖女西装任务来源于高职院校"服装设计与工艺"职业技能大赛考题。任务内容一是对女西装的结构、毛样板的详细解析,辅助运用三色图解、2D动画解构、3D虚拟成衣款式分析、CAD软件演示制图过程等动态资源,使学习者能够更直观、高效地掌握女西装的制版方法;二是包括服饰文化资料、企业生产工艺单、西装国家标准、"两片式翻驳领的分领方法"技术发明专利、两片式内旋扣袖新技术,使学习者在具备一定的服饰文化素养及国家标准知识的同时,能够了解行业前沿技术;三是深入分析职业技能大赛题目、内容、评分标准,做到课赛融通、训赛结合,提升学生的核心竞争力。

学习目标

知识目标:

1. 了解女西装基本造型特征及主要的衣身结构变化形式;

2. 掌握四开身、三开身、多片身女西装的制图及毛样板的制作方法；
3. 了解西装国家标准，了解职业院校技能大赛的相关标准。

能力目标：

1. 能够掌握四开身、三开身等女西装的版型设计与修正；
2. 学会按照大赛款式图或实物的结构及工艺特点，进行版型设计与版型修正；
3. 能够用CAD软件完成四开身、三开身等女西装的版型设计与毛样板的制作。

素养目标：

1. 通过解读"西装国家标准、大赛标准"，培养标准意识、质量意识；
2. 通过讲解"大赛"试题，感受"大赛"工艺，培养辩证思维、创新意识及精益求精的职业素养；
3. 通过感悟"民族品牌"故事，提升文化自信与民族担当意识；
4. 通过CAD数字制版实操，增强实践能力、数字化适应力、岗位胜任能力。

▶ 晓理近思

1. 时至今日，西装已经在全球范围内成为男士、女士在各种场合的日常衣装，你了解西装的诞生及发展历程吗？请扫描二维码观看视频"女西装的发展历史与文化"，思考并总结西装的发展历史及文化。

2. 你了解我国第一套国产西装是怎么诞生的吗？请扫描二维码阅读材料"中国第一套国产西装与非物质文化遗产'红帮裁缝'的故事"，并说一说你所了解的"红帮裁缝"的故事。

视频：女西装的发展历史与文化

文本：中国第一套国产西装与非物质文化遗产"红帮裁缝"的故事

3. 党的二十大报告指出，必须坚持在发展中保障和改善民生，鼓励共同奋斗创造美好生活，不断实现人民对美好生活的向往。穿得暖不再是人们对衣服的首要要求，穿得好、穿得美、穿得科技环保，已渐成时尚。请扫描二维码阅读材料"北京冬奥会服装里的纺织新科技"，了解北京冬奥会服装的科技秘密。

4. 请扫描二维码阅读技术发明专利"一种两片式翻驳领的分领方法"，深入了解两片式西装领相对于一片式西装领的优势。谈一谈它是如何提高了工艺细节的精确度、缩短了工艺流程、提升了成衣品质的，并说一说从中你感悟到什么精神。

文本：北京冬奥会服装里的纺织新科技

文本：一种两片式翻驳领的分领方法

5. 国家标准《女西服、大衣》为西装的质量提供了明确的技术要求和测试方法，包括面料质量、缝制工艺、外观质量以及安全性能等方面的规定。请扫描二维码阅读"国家标准《女西服、大衣》（GB/T 2665—2017）"。

文本：国家标准《女西服、大衣》（GB/T 2665—2017）

任务一　四开身刀背缝女西装的结构制版

任务导入

四开身刀背缝女西装是现代女西装中最传统、经典的款式，其剪裁利落，大方得体，是职场女性的首选。本项目首先以企业的西装工艺单引入任务，通过分析西装的刀背缝、两片合体袖、平驳头西装领的造型特征与结构关系，使学习者能够根据项目给定的款式图和规格表，用服装CAD软件或在1K牛皮纸上用制图工具绘制完成四开身刀背缝女西装的结构制图，并拓展完成女西装的毛样板。

你了解服装中的刀背缝结构吗？观察图7-1所示的两款女西装的衣身，说一说哪一个是刀背缝结构。

图7-1　女西装中的刀背缝结构

知识储备

一、多元化风格的现代女西装

20世纪90年代后，西装不再只是职场女性的专属。女性已经拥有足够的自信和力量，不再需要西装外套来武装、证明自己的权威。除中性化的西装外套外，女性可以选择柔美的粉红色以及印花图案和女性剪裁，将西装与蕾丝花边、裙子搭配，凸显优雅、知性的女性化风格（见图7-2）。

(a) (b) (c)

图 7-2 各种风格的女西装

(a) 职业风格西装；(b) 休闲风格西装；(c) 女性化风格西装

时至今日，西装已经在全球范围内成为男士、女士在各种场合的日常衣装。女士西装的发展，不仅是一件衣服的进化，更是女性职业化进程的见证。女性不断在历史中找到自己的地位和平衡点，而穿着得体的服装，可以让她们无论是在职场还是生活中都可以勇敢做自己，这便是服装给予我们人生的重要意义。

二、女西装的分类

西装属于上装的范畴，随着现代服装流行元素的不断变化，新材料、新工艺的发展进步，女西装的款式风格越来越多元化，但其基本结构保持不变。领型多为翻驳领，又可分为平驳头、戗驳头两种翻驳领。另外，常见的有青果领、立领、无领结构。袖子多为合体的两片袖结构，袖型变化主要集中在肩部，如泡泡型的两片袖、箱型袖等。根据服装与人体的贴合程度，可以分为合体型和宽松型。合体型女西装胸围放松量一般取 8～10 cm，宽松型女西装放松量一般在 12 cm 以上（见图 7-3）。

图 7-3 各种翻驳领的女西装

现代女西装主要有职业风格西装和休闲风格西装两种风格类型，如图 7-4 所示。在打板的时候，首先要确定其版型风格。职业风格西装与休闲风格西装版型对比见表 7-1。

图 7-4 两种风格的女西装

(a) 职业风格的西装；(b) 休闲风格的西装

表 7-1 职业风格西装与休闲风格西装版型对比表

西装风格	服装造型	衣身结构	胸围松量/cm	衣长	肩部形态
职业风格西装	X形	八开身	8～10	臀围附近	肩宽合体
休闲风格西装	H形	四开身	8～14	长至臀部以下；短至接近腰部	肩宽合体或宽于人体肩部

三、解读职业装工艺单

解读两份企业的职业装工艺单，分析目前服装市场上的职业装的款式特色及工艺设计情况（见图7-5）。

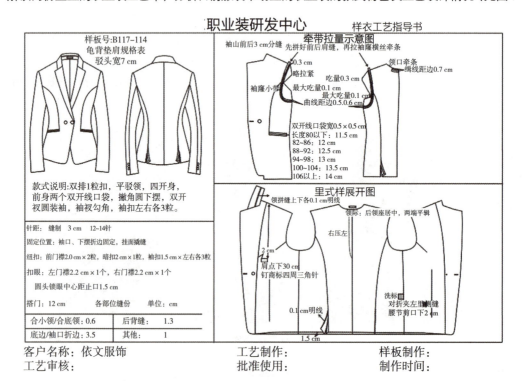

图 7-5 女西装企业工艺单

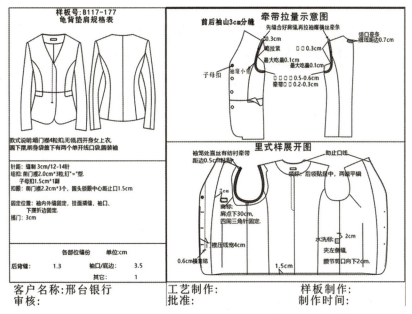

图 7-5 女西装企业工艺单（续）

四、服装制版师国家职业技能标准（二级）技能与知识要求

对接服装制版师国家职业技能标准，能够解读西装结构并完成西装制版是考取二级服装制版师的必备技能。服装制版师国家职业技能标准（二级）技能与知识要求见表 7-2。

表 7-2 服装制版师国家职业技能标准（二级）技能与知识要求

服装制版师国家职业技能标准（二级／技师）			
职业功能	工作内容	技能要求	知识要求
1. 产品款式分析	1.1 款式分析	1.1.1 能根据给定的男西服、女西服成衣图片或客户要求，用文字描述其款式造型特点 1.1.2 能根据给定的男西服、女西服成衣图片或客户要求，绘制款式图	1.1.1 男西服、女西服的款式图知识 1.1.2 男西服、女西服造型知识
	1.2 材料分析	1.2.1 能根据提供的面料样品、辅料样品，用文字表达男西服、女西服的材料特点 1.2.2 能根据男西服、女西服的工艺特点核算材料用量，并估算原料成本	1.2.1 男西服、女西服常用面辅料知识 1.2.2 男西服、女西服用料与成本核算知识
	1.3 结构分析	1.3.1 能根据成衣图片或客户要求，确定男西服、女西服的结构特点 1.3.2 能根据成衣图片或客户要求，设计男西服、女西服成品规格尺寸 1.3.3 能根据给定的男西服、女西服的成衣图片或客户要求，制定细部规格尺寸	1.3.1 男西服、女西服服装规格尺寸知识 1.3.2 男西服、女西服服装尺寸测量知识
	1.4 工艺分析	1.4.1 能根据给定的男西服、女西服成衣图片或客户要求，用文字表达缝型、线迹、零部件等工艺概要 1.4.2 能根据给定的男西服、女西服成衣图片或客户要求，用文字表达特殊工艺	1.4.1 男西服、女西服服装缝制工艺知识 1.4.2 男西服、女西服服装特殊工艺知识
2. 样板绘制	2.1 结构图绘制	2.1.1 能根据男西服、女西服设计要求确定长度测量位置和围度加放量 2.1.2 能根据给定的男西服、女西服成衣图片或客户要求，使用专用工具绘制结构图	2.1.1 男西服、女西服围度加放量知识 2.1.2 男西服、女西服结构图知识

续表

职业功能	工作内容	技能要求	知识要求
服装制版师国家职业技能标准（二级/技师）			
2. 样板绘制	2.2 基础样板制作	2.2.1 能使用专用工具，在结构制图基础上确定放缝，绘制男西服、女西服的裁剪样板、工艺样板等基础样板 2.2.2 能使用专用工具，制作男西服、女西服的基础样板，并标注文字、符号、标记等	男西服、女西服的基础样板绘制知识
	2.3 样板核验	2.3.1 能根据给定的男西服、女西服成衣图片或客户要求核验基础样板，识别错误并修正 2.3.2 能通过制作男西服、女西服假缝坯样核验基础样板，识别错误并修正	2.3.1 男西服、女西服样板核验的知识 2.3.2 男西服、女西服假缝工艺的知识

任务实施

微课：刀背缝女西装的款式结构分析

微课：刀背缝女西装的后片结构设计

微课：刀背缝女西装的前片结构设计

微课：一片式翻驳领结构设计

一、四开身刀背缝女西装的结构制版

1. 款式特点

如图7-6所示的女西装为四开身刀背缝分割设计，平驳头翻驳领，单排两粒扣，合体两片袖，呈现修身型的职业风格。

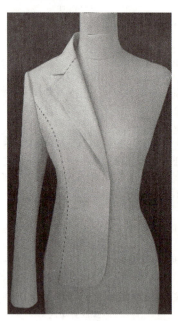

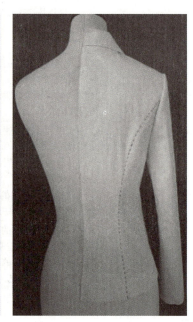

图7-6 刀背缝西装成衣实拍图

2. 规格设计

成衣尺寸规格如表 7-3 所示。

表 7-3 成衣尺寸规格表　　　　　　　　　　　　　　　　　　　　cm

部位	155/80A	160/84A	165/88A	档差
衣长 L	56	58	60	2
胸围 B	88	92	96	4
腰围 W	72	76	80	4
臀围 H	92	96	100	4
颈围 N	37	38	39	1
肩宽 S	37	38	39	1
袖长 SL	55.5	57	58.5	1.5
袖口大 CW	24.5	25	25.5	0.5
领座 n	3	3	3	0
翻领 m	4	4	4.5	0.5

3. 结构制图

以 160/84A 的中间号型进行图 7-7 所示的结构制图。

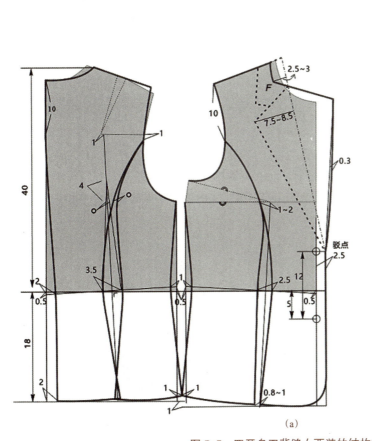
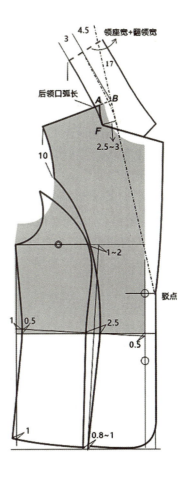

(a)

图 7-7 四开身刀背缝女西装的结构制图

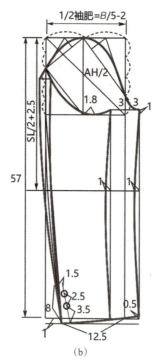

微课：女西装两片袖结构设计（基础型）

PPT：四开身刀背缝女西装案例——两片袖的结构制版

图 7-7 四开身刀背缝女西装的结构制图（续）

（a）衣身与领；（b）袖

PPT：四开身刀背缝女西装案例——后片的结构制版

PPT：四开身刀背缝女西装案例——前片的结构制版

二、结构解析

（一）衣身结构解析

1. 衣身结构形式

本款西装是通过刀背缝的分割将服装分成八个片，除刀背的分割缝外，另外的缝子在腋下侧缝、前中搭门缝、后中缝，因为两条腋下侧缝将服装分成基本均等的四个片，因此，这款服装属于四开身服装。按衣身横向的比例，有四开身、三开身和多开身等几种形式。四开身是前、后衣身的结构比例为胸围/4加减常数的结构形式；三开身是前、后衣身的结构比例为胸围/3加减常数的结构形式；多开身是前、后衣身的结构比例为任意比例的结构形式。女西装中常见的有四开身和三开身的衣身结构（见图 7-8、图 7-9）。

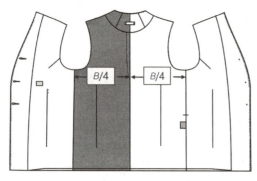

图 7-8 四开身衣身结构图

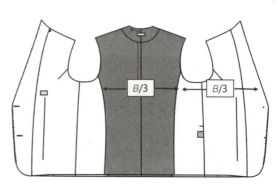

图 7-9 三开身衣身结构图

2. 无后肩省的结构方法

后片衣身是无后肩省的形式，因此要将后肩省进行合理转移，后背中缝是断开的，因此，后肩省可以转移到后袖窿和后中缝两个位置，后袖窿处转移 0.6 cm，后中缝转移 0.3 cm。同时，后肩省可以留在肩线处 0.6 cm 的量，使后肩线大于前肩线 0.6 cm，这 0.6 cm 作缩缝量，以满足肩胛骨凸起的造型需要。根据面料厚薄程度，缩缝量一般控制在 0.5～0.7 cm 的范围内（见图 7-10）。

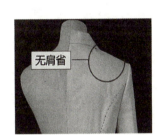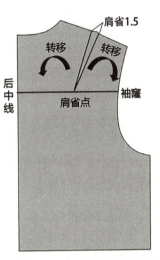

图 7-10　无后肩省的结构方法

3. 前片搭门线及驳点的确定

前中线外侧，绘制 2.5 cm 的搭门量并作平行线，在前中线上取两粒扣的位置。第一粒扣子所对应的搭门线位置就是驳点的位置，也就是翻驳领翻折的起点位置。

4. 扣眼的绘制

2 cm 的扣子直径，扣眼的绘制是线外 0.3 cm，线内 1.7 cm。只有这样绘制扣眼，才能保证扣子与扣眼扣齐之后，扣子正好处于前中心线上，这 0.3 cm 就是钉缝扣子的线座所需要的空间，即线座容量。

（二）翻驳领结构设计

1. 驳头及翻领的造型设计

（1）首先确定领座宽为 2.5～3 cm，翻领宽为 4.5 cm，各部位名称如图 7-11 所示。

（2）翻折基点的确定：前领口开宽 1 cm 确定 A 点，A 点顺肩线方向量取领座宽 3-0.5=2.5（cm），确定 B 点，即翻折基点。连接驳点和 B 点，并从 B 点向上延长 17 cm，即翻折线。

（3）在翻折线的一侧，从 B 点起在肩线上量取翻领宽度为 4.5 cm，设计驳头及翻领的造型并绘制出来。从目前的款式流行情况来看，职业风格西装的串口线位置一般在领部的上 1/3 处，领子造型呈现一种挺拔向上的精神气质。串口线与翻折线的夹角一般在 55°以上，串口线斜度如果低于 55°，领型会显得较为拖沓。常规领角的设计，下领角大于上领角尺寸，且领角之间的夹角要小于 90°。把握以上原则，合理设计并调整确定好驳头及翻领的造型。

（4）以翻折线为轴，采用镜像法，将一侧的领型镜像到翻折线的另一侧。

2. 方形领口设计

将串口线延长至 C 点，C 点到翻折线的垂直距离为 2.5～3 cm。连接 AC 为微弧的曲线，方形领口绘制完成。

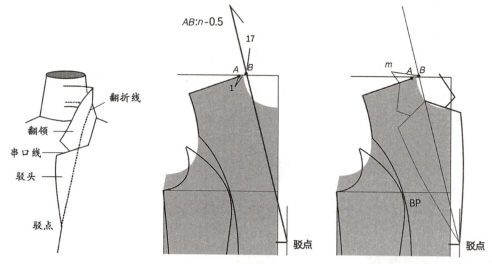

图 7-11 驳头及翻领的造型设计

3. 倒伏量的设计

翻领需要一定的倒伏量才能顺利翻折，倒伏量的设计是翻领越宽，所需倒伏量越大。以 B 点为圆心，17 cm 为半径，向下转动翻领宽度，即倒伏量。本例领型的翻领宽度是 4.5 cm，因此，要以 B 点为圆心，17 cm 为半径，向下转动 4.5 cm，然后作 3 cm 的平行线，画顺 CD 线，CD 即翻领的领底线，CD = CA + 后领口弧线长（见图 7-12）。

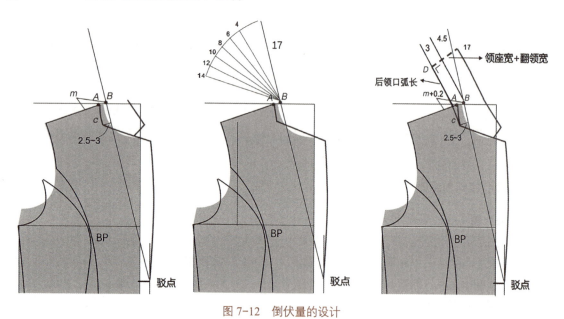

图 7-12 倒伏量的设计

4. 翻领中线的绘制

绘制领底线也就是 CD 弧线的垂线，这条垂线即翻领中线，长度为领座宽 + 翻领宽，即 7.5 cm。

5. 领外口弧线的绘制

领外口弧线要垂直于翻领中线，弧线造型的上面部分要与领底线平行，下面部分微微外弧并与领角顺直连接，成衣领型符合颈肩部的转折结构。

6. 翻领与衣身样板分离

将 CD 领底线与前肩线的交点确定为 N，连接 A、N、C 三点之间的区域是翻领与前衣身样板的重叠部分。点 M 是点 G 以翻折线为中心的对称点。

将翻领与前衣身样板分离，得到前衣身样板和翻领的样板。翻领领底线 CD = 前领口线 CA + 后领口弧线，一片式翻驳领制图完成（见图 7-13）。

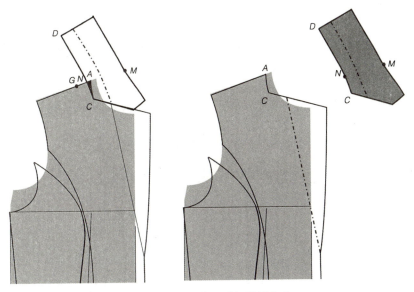

图 7-13 翻领的设计与样板分离

（三）衣袖结构解析

两片袖比一片袖更容易塑造袖子的前倾弯式和合体度，在此，应用独立制图法绘制两片袖结构，这种方法较为简单，适合初学者学习。在两片袖制图之前，首先要量取衣身上后 AH、前 AH 的数值（见图 7-14）。

1. 绘制基础框架线

绘制袖长线 58 cm，绘制上平线、下平线及袖中线，袖中线的位置取袖长 /2+2.5 cm，袖肥的公式参考 $B/5-2$ cm 或 $B/5-1.5$ cm，袖子肥度确定好之后，斜向量取 AH/2，画出袖底平线（见图 7-15）。

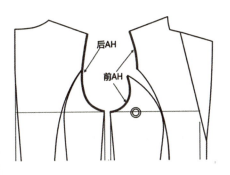

图 7-14 量取后 AH、前 AH 的数值

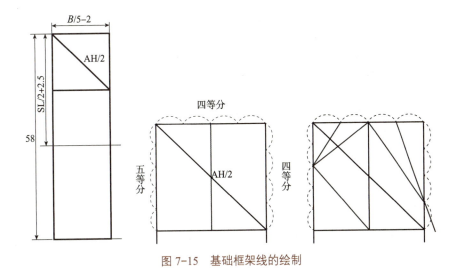

图 7-15 基础框架线的绘制

2. 绘制等分线

如图7-15所示，绘制五等分、四等分、四等分，并分别连线，中点和左侧第二点连线，中点和右侧第三点连线，左侧第二点和下端点连线，上部第一点和左侧第二点连线，上部第三点和右侧第三点连线并延长，中点和左侧第二点连线。

3. 绘制前袖缝线

从前面的竖直线与袖肥线的交点向上提1 cm，左右取3 cm绘制竖直线。在袖中线处各内收1 cm，绘制大小袖的前袖缝线（见图7-16）。

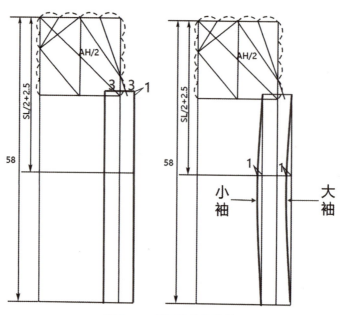

图7-16 前袖缝线的绘制

4. 绘制大袖的袖山弧线

从上平线的等分点做斜线的垂线，从前面的等分点做斜线的垂线，并取小垂线的等分点，绘制大袖袖山弧线，袖山头位置要饱满圆顺。

5. 绘制小袖的袖底弧线

从连接的斜线内收1 cm，竖线与袖肥线的交点向前1.8 cm，绘制小袖袖底弧线（见图7-17）。

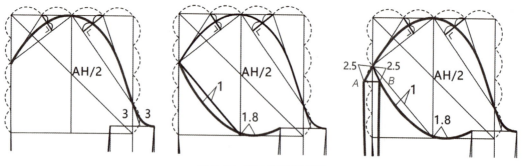

图7-17 袖山弧线的绘制

6. 大小袖互借问题

在大袖的袖山弧线上向外取2.5 cm，重新绘制大袖的袖山弧线，小袖要向内取2.5 cm，这个2.5 cm是完全对称的，也就是说大袖大多少，小袖就要小多少，重新绘制小袖的袖底弧线。

7. 装饰扣的位置

在女西装中，装饰袖扣一般设计 2 粒扣或 3 粒扣。如果是 2 粒扣，一般是从大袖袖口向上量取 8 cm 作为开衩止点，平行向前 1.5 cm 的这条线上，分别量取 3.5 cm、2.5 cm 确定 2 粒扣的位置；如果是 3 粒装饰袖扣，是从大袖袖口向上量取 10 cm 作为开衩止点，也是从平向前行 1.5 cm 的这条线上，分别量取 3.5 cm、2 cm、2 cm 确定 3 粒扣的位置（见图 7-18）。

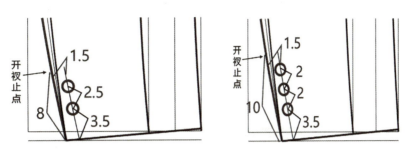

图 7-18 装饰扣的绘制

8. 袖山弧长与袖窿弧长的关系

装袖的袖山弧长与袖窿弧长存在着组合关系，为了袖山头饱满又圆顺，袖山头要增加吃势量，即袖山弧 > 袖窿弧。配袖时，袖山斜线 =AH/2，则袖山弧长比袖窿弧长多 1 ～ 3 cm，作为上袖缝接时的吃势量。两者的弧长关系还应根据不同的工艺方法来确定，如：装袖缝份倒向袖子时，袖山斜线 =AH/2；装袖缝份倒向衣身时，袖山斜线 = [AH/2-（0.5 ～ 1）] cm，使袖山弧长 = 袖窿弧长；如果西装袖需要增加吃势量，袖山斜线可以取（AH/2+0.5）cm。

 小贴士

一只穿着舒适、外观秀美的西装袖的完成，不仅需要版型好，也需要配合合理精湛的工艺缝制技术，因为在两片袖的制作过程中，既要处理好袖缝的归拔工艺，也要缝缩处理袖山吃势量以使袖山饱满圆顺。一只小小的袖子，其中传承着一代代能工巧匠的智慧，所谓细节决定成败，希望学习中的你也能持一种精益求精的态度，在细节中体现职业素质。

技能拓展

一、四开身刀背缝女西装毛样板的制作

（一）净样板确认

在制作毛样板之前，首先要检查结构制图的正确性，在确保净样板检验无误之后，再进行裁剪样板的制作。在西服的结构制图中，首先提取前后衣身的净样板，包括前中片、前侧片、贴边片、后中片、后侧片、大袖片、小袖片、领片。同时，将驳头的翻折线、装领点、胸围线、腰围线、前中心线、扣位、袖山顶点等都要一并提取标识，如图 7-19 所示。

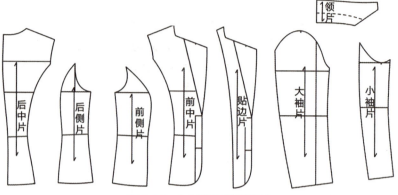

图 7-19 女西装净样板确认

（二）毛样板制作

要求毛样板的制作过程必须科学严谨，对投入生产的样板，针对客户和工艺的要求，要进行试制、试穿、修正等环节，做到准确无误后才能投入生产，绝不可粗心大意。

微课：女西装裁剪样板（面样板）的制作

微课：女西装裁剪样板（里、衬样板）的制作

PPT：四开身刀背缝女西装案例——裁剪样板（面层）的制作

PPT：四开身刀背缝女西装案例——裁剪样板（里、衬样板）的制作

1. 面层样板

刀背缝女西装的面层毛样板如图 7-20 所示。

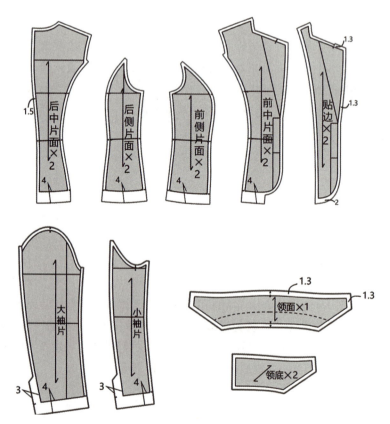

图 7-20 刀背缝女西装的面层毛样板

2. 里层样板

刀背缝女西装的里层毛样板如图 7-21 所示。

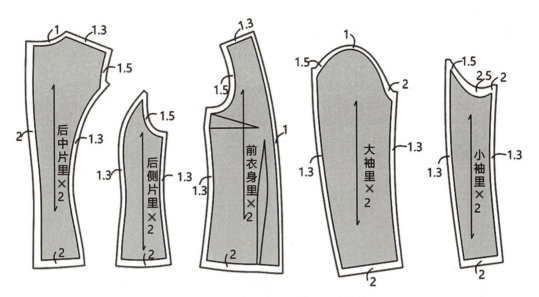

图 7-21　刀背缝女西装的里层毛样板

3. 衬料样板

刀背缝女西装的衬料样板如图 7-22 所示。

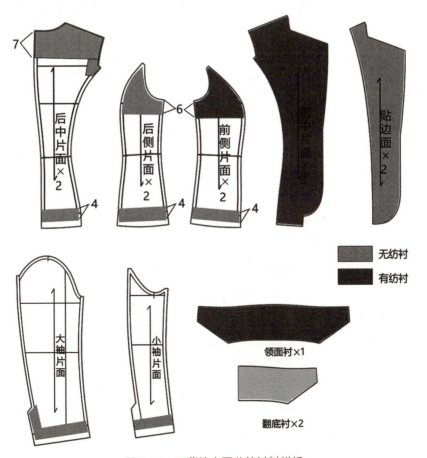

图 7-22　刀背缝女西装的衬料样板

二、合体型女西装制版拓展案例

1. 戗驳领通肩缝女西装案例

款式特征：四开身合体型，后中缝，通肩缝，单排1粒扣，戗驳领，直下摆（见表7-4、图7-23、图7-24）。

表7-4 成衣规格表

号型	部位名称	后衣长 L/cm	后腰节长/cm	胸围 B/cm	肩宽 S/cm	袖长/cm	袖口围/cm
160/84A	净体尺寸	58	40	84	38.4	52（臂长）	22
160/84A	成品尺寸	58	40	94	39	57	22

图7-23 戗驳领通肩缝女西装款式图

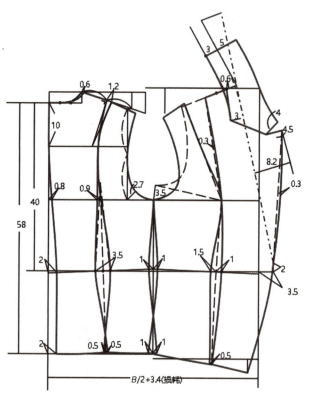

图7-24 戗驳领通肩缝女西装的结构制图

2. 多片式戗驳领女西装案例

款式特征：四开身，后中缝，通肩缝下端弯至侧缝，单排1粒扣，戗驳领，圆下摆，侧片腰部设计横向断开缝（见表7-5、图7-25、图7-26）。

表7-5 成衣规格表

号型	部位名称	后衣长 L/cm	后腰节长/cm	胸围 B/cm	肩宽 S/cm	袖长/cm	袖口围/cm
160/84A	净体尺寸	58	40	84	38.4	52（臂长）	22
160/84A	成品尺寸	58	40	94	39	57	22

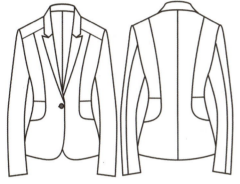

图 7-25　多片式戗驳领女西装款式图

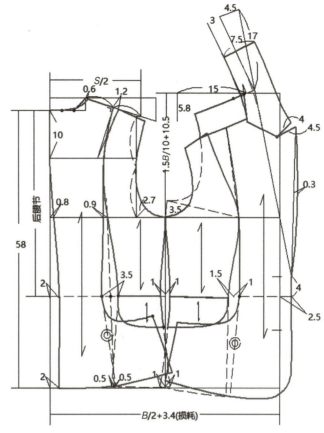

图 7-26　多片式戗驳领女西装的结构制图

3. 多片式青果领女西装案例

款式特征：四开身，对襟，钉风琴扣一副，青果领，前片刀背缝加小装饰省，后片刀背缝，腰部设置横向断开缝，给人精明干练之感（见表 7-6、图 7-27、图 7-28）。

表 7-6　成衣规格表

号型	部位名称	后衣长 L/cm	后腰节长 /cm	胸围 B/cm	肩宽 S/cm	袖长 /cm	袖口围 /cm
160/84A	净体尺寸	58	40	84	38.4	52（臂长）	22
160/84A	成品尺寸	58	40	94	39	57	22

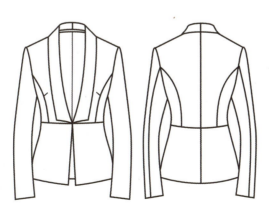

图 7-27　多片式青果领女西装款式图

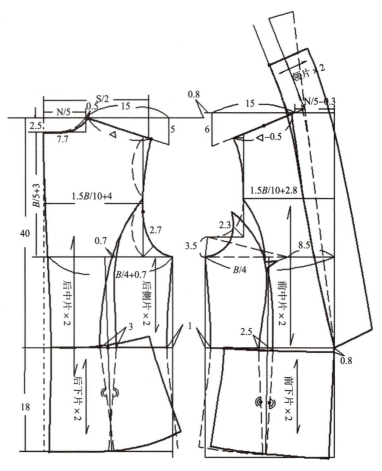

图 7-28 多片式青果领女西装的结构制图

任务评价

依据国家职业技能标准服装制版师操作技能（四级）的评分标准，设计四开身刀背缝女西装的结构制版任务评价表，请完成并将评价结果填写在表 7-7 中。

表 7-7 四开身刀背缝女西装的结构制版任务评价表

班级						姓名	
工作任务						学号	
项目	内容		技术要求	配分	评分标准	学生自评（40%）	教师评分（60%）
产品款式分析	款式分析	1	西装的款式造型特点描述准确	4	不规范适当扣分		
	结构分析	2	西装的结构、工艺特点描述准确	6	不规范适当扣分		
结构制图	衣身	3	部件齐全（腰省、刀背缝、肩胛省、搭门线、扣位等）	10	缺一扣2分		
		4	衣身结构比例设计合理、准确	10	根据偏差适当扣分		
		5	刀背缝位置及造型合理、准确	5	不规范适当扣分		
		6	肩胛省结构处理准确	5	不规范适当扣分		

续表

项目	内容		技术要求	配分	评分标准	学生自评（40%）	教师评分（60%）
结构制图	衣领	7	领座与翻领宽度设计合理、准确	5	根据偏差适当扣分		
		8	翻驳领造型美观、合理	5	根据美观度适当扣分		
	衣袖	9	部件齐全（大袖、小袖、袖衩）	5	缺一扣2.5分		
		10	袖型结构准确（大袖、小袖）	5	一处错误扣2.5分		
		11	袖山吃势量设计合理	5	不规范适当扣分		
		12	袖山弧线、袖缝线结构正确、绘制流畅	5	不规范适当扣分		
毛样板制作	部件	13	部件齐全（衣身、衣领、衣袖、袋布、包条等）	5	缺一扣2~3分		
	缝份	14	各部位毛板放缝尺寸是否合理（衣身、衣袖、领座、翻领、口袋等）	10	一处错误扣1分		
	信息	15	裁片信息标注完整（裁片纱向、名称、片数、规格等）；对位点、褶位、省位等标记是否清晰	5	缺一扣0.5分，不规范适当扣分		
工具使用		16	服装CAD软件应用的准确度、熟练度或绘图工具使用的准确度、熟练度	5	不规范适当扣分		
工作态度		17	行为规范、态度端正	5	不规范适当扣分		
综合得分							

分体式翻驳领的结构改良

基于人体脖颈上小下大的结构特点和西装领的造型要求，一片式西装领若要达到与脖颈较好的贴合度，成衣制作时需要配合复杂的归拔工艺技术。近几年，尤其是在高档服装中，一片式西装领已渐渐被两片式的西装领所取代。两片式西装领是在完成的一片式西装领样板基础上，将翻领样板分割为大领（翻领）和小领（领座）两个部分。通过调整样板结构和制作工艺细节，达到立领贴脖、翻领舒展、翻折线自然流畅无褶皱的效果。

一、分体式翻驳领的转化过程

分体式翻驳领的转化过程如图7-29所示。

文本：国家职业技能标准服装制版师操作技能（二级）评分标准

微课：分体式翻驳领结构设计

PPT：四开身刀背缝女西装案例——分体式翻驳领的结构制版

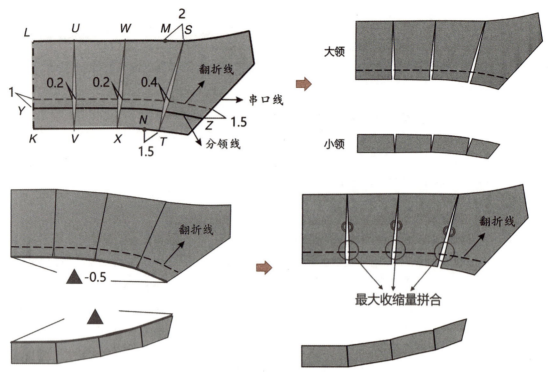

图 7-29 分体式翻驳领的转化过程

二、结构解析

（1）分领线的确定：以翻折线为基准，后中心处距离翻折线端点 1 cm 处确定点 Y，串口线处距离翻折线端点 1.5 cm 处确定点 Z，绘制分领线 YZ，点 Z 与翻折线的距离稍大一点，目的是防止大领和小领缝合时缝线外露。YZ 线条要求顺直，弧度自然，后中垂直。

（2）分割线及收缩量的确定：距离点 N 1.5 cm 确定点 T，在领内口弧线 KT 上取三等分点 V、X，距离点 M 2 cm 确定点 S，在领外口弧线 LS 上取三等分点 U、W，分别连接 VU、XW、TS，确定三条分割线。在对应的翻折线部位，分别设计收缩量为 0.2 cm、0.2 cm、0.4 cm。TS 分割线处于成衣西装领的最大转折曲面的颈肩部，其收缩量可适当大一点，而人体脖颈的后中心处较平坦，因此，领子后中心的翻折线处不设计收缩量。

（3）样板分割：首先沿分领线 YZ 剪开，将领子分为大领和小领，然后剪开三条分割线 VU、XW、TS，分别将收缩量拼合去掉，小领拼合后，样板变成上翘的立领造型，翻领按照翻折线上的最大收缩量进行拼合，大领下口线被同步缩小约 0.5 cm。

三、结构改良分析

从图 7-30 所示的西装领款式图中可以看出，环绕后颈部的领子翻折线在脖颈的更细处，分领线隐藏在翻折线下 1 cm 处，故翻折线所在位置尺寸最小，向内或向外尺寸都应逐渐变大，因此，将最大收缩量取在翻折线上更为合理。传统结构与改良结构的两片式西装领样板对比如图 7-31 所示。传统两片式西装领样板是从分领线上拼合去掉收缩量，完成的大领样板的下口线和小领样板的上口线相等，传统两片式西装领样板如图 7-31（a）所示；改良两片式西装领样板如图 7-31（b）所示。制作成衣时通过手动拉开或熨斗拔开缩小的尺寸，与小领的上口线相等并缝合在一起，成衣西装领与脖颈的贴合度更好。

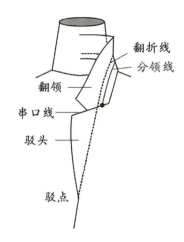

图 7-30　西装领款式图

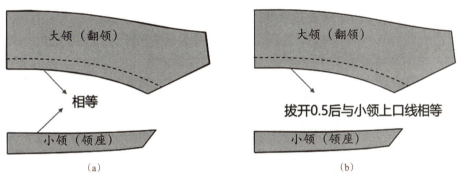

图 7-31　传统结构与改良结构的两片式西装领样板对比
（a）传统分体式西装领样板；（b）改良分体式西装领样板

巩固训练

1. 简述刀背缝结构省道设计与转移的方法。

2. 设计一款翻驳领，画出款式图，并据此绘制其结构图（领口围 $N=40$，领座宽度为 3 cm，翻领宽度 4.5 cm）。

　　要求：（1）款式清晰，规格尺寸合理；

　　　　　（2）线条规范，标明丝缕符号；

　　　　　（3）在结构制图上标出主要部位的公式；

　　　　　（4）按照 1∶5 的比例制图，各部位比例准确，分割合理。

3. 为什么服装里层裁片的竖向边缝要比面层大 0.3 cm？说说你的理解。

任务二　立领泡泡袖女西装制版

任务导入

本案例来源于全国职业院校技能大赛（高职组）技能竞赛试题库，是一款较为复杂的多片式西装款式。首先明确衣身、立领、袖型的款式结构，通过省道转移、结构转化完成四开身立领泡泡袖女西装的样板。本任务中展示的服装成衣，是课程团队用本任务制作的二维样板，经过裁剪缝制完成的，以求严谨治学，知行合一。

图 7-32 所示为全国职业院校技能大赛的考题成衣图及结构制图，本款式的特色及难点主要体现在领部，你能根据结构制图，思考并说一说其翻驳领的结构思路吗？

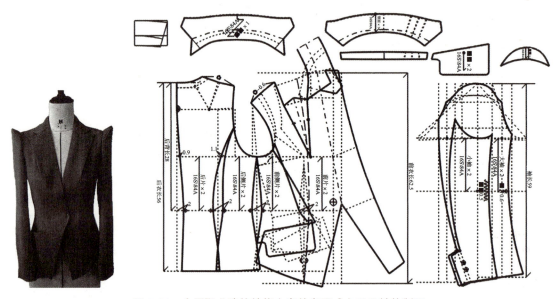

图 7-32　全国职业院校技能大赛的考题成衣图及结构制图

知识储备

一、职业院校技能竞赛目的

检验和展示高职院校服装类专业教学改革成果和学生服装设计岗位通用技术与职业能力，引领和促进高职院校服装类专业建设与教学改革，激发和调动行业企业关注和参与服装类专业教学改革的主动性与积极性，推动提升高职院校服装设计与工艺职业人才培养水平。

二、职业院校技能竞赛内容

根据高职院校服装专业技能型人才培养的总体要求，结合现代服装企业科技发展与技术创新的人才需求，技能竞赛主要围绕服装设计创意、计算机绘图、服装立体造型与裁剪、服装工业制版、服装缝制与整烫等服装设计与工艺专业的核心技能，设计出与服装设计和服装工艺技术两种岗位相对应的知识、素质、技能竞赛内容。职业院校技能竞赛内容包括服装设计、服装制版与工艺两个分赛项。

三、职业院校技能大赛改革

近几年，职业技能大赛的试题内容发生了较大的变化，从备赛款式中抽考的"规定款式"，转变到规范设计要素与结构要素的"创意款式"，更注重考查学生的应变能力、创新能力和综合技能。以下选取了职业院校服装设计与工艺赛项省赛试题和国赛试题，与读者一同解读分析，请扫描二维码查看。

任务实施

一、四开身立领泡泡袖女西装的结构制版

微课：四开身立领泡泡袖女时装（后片）结构设计

微课：四开身立领泡泡袖女时装（前片）结构设计

PPT：立领泡泡袖女时装案例——后片结构制版

PPT：立领泡泡袖女时装案例——前片结构制版

本任务来源于全国职业院校技能大赛（高职组）技能竞赛试题（见图7-33）。

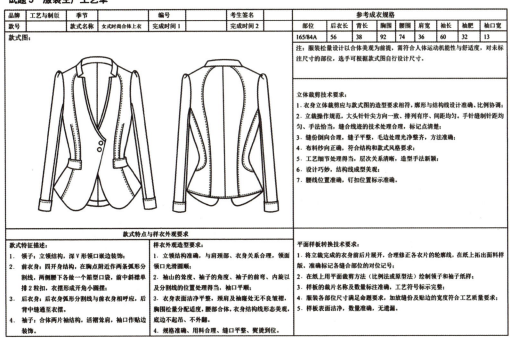

图 7-33　全国职业院校技能大赛（高职组）技能竞赛试题

1. 款式特点

如图 7-34 所示为款式图、成衣图及成衣分析。课程团队同步开发平面样板与缝制成衣,以求严谨治学,知行合一。领子是立领结构,深 V 形领口嵌边装饰;衣身为四开身结构,在胸点附近做两条弧形分割线,箱型口袋,前中斜襟,单排 2 粒扣,开角小圆摆;后衣身有弧形分割线,后背中缝通至衣摆;袖子是活褶耸肩的两片泡泡袖结构。

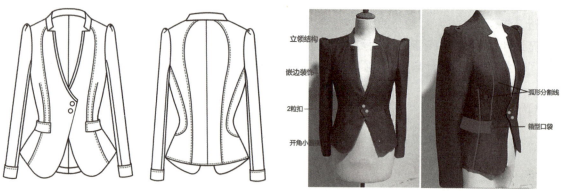

图 7-34 立领泡泡袖西装的款式图与成衣实拍图

2. 规格设计

成衣尺寸规格如表 7-8 所示。

表 7-8 成衣尺寸规格表

号型	部位名称	后衣长/cm	背长/cm	胸围/cm	腰围/cm	肩宽/cm	袖长/cm	袖肥/cm	袖口宽/cm
165/84A	净体尺寸	54	38	84	66	38	57		
165/84A	成品尺寸	54	38	92	74	36	60	32	13

3. 结构制图

以 160/84A 的中间号型进行图 7-35 所示的结构制图,如图 7-36、图 7-37 所示。

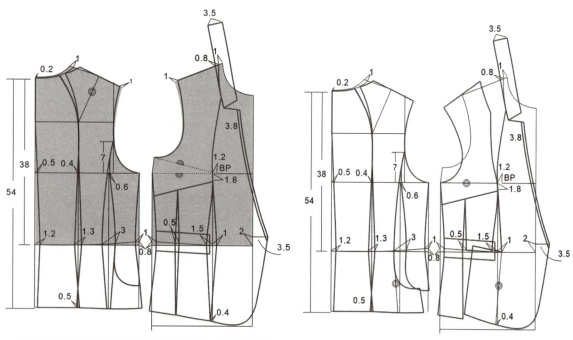

图 7-35 四开身立领泡泡袖女西装衣身的结构制图   图 7-36 四开身立领泡泡袖女西装的衣身结构转化

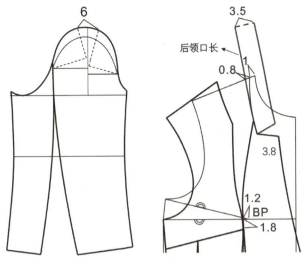

微课：四开身立领泡泡袖女时装（领、袖）结构设计

PPT：立领泡泡袖女时装案例——领、袖结构制版

图 7-37 四开身立领泡泡袖女西装领袖的结构制图

二、结构解析

1. 衣身结构解析

（1）后肩省的转移：将后片的肩省转移到后领口弧形分割线中，形成领口省结构。

（2）肩宽的调整：因为是泡泡袖结构，衣身肩宽要适当调整变小，本款服装肩宽是 36 cm，净体肩宽是 38 cm，因此，前、后肩端点要向内收掉 1 cm，重新修正袖窿线。

（3）前中斜襟造型：腰围线与前中线的交点上提 2 cm，搭门量设计 3.5 cm，设计领角位置在原型领口下 3 cm 处，宽度设计 3.8 cm，前中心斜襟的造型线与衣摆处的开角小圆摆一同设计绘制。

（4）箱型口袋的设计：口袋宽度为 4.5 cm，长度为分割缝向前 1 cm 至侧缝，口袋造型的倾斜度与斜腰线一致，是微微上翘的造型，但口袋前面的竖向边线必须是与衣身前中线平行的竖直线，一方面是因为竖向的口袋边线与服装整体的线条设计更和谐；另一方面的原因是对于条格服装而言的，竖直的口袋边线更便于对条对格，而不会破坏条格的规则感。因此，这个规定同样适用于上装中常规的贴口袋、口袋盖等的边线，如图 7-38 所示。

（5）前片省道转移及样板的转化：将基础省转移到领省分割线中，并修顺分割线。同时，要将腰部以下的两条省道线拼合，得到新的前中片样板，如图 7-39 所示。

2. 立领结构解析

如图 7-40 所示，在前片的领口线上绘制立领，在开宽 1 cm 的肩线上量取 0.8 cm，顺势向上绘制立领下口线，长度等于后领口弧线长。垂直绘制后中心线 3.5 cm，也就是立领的宽度设计为 3.5 cm，画出立领的上口线及领角造型，领上口线与领下口线呈平行状态。立领的领角要与前中斜襟夹角对应协调：一是这个夹角的角度不宜过大，以 30° 左右为宜；二是领角的宽度与前中斜襟角的宽度对比，上领角尺寸可以略小一点，整个造型的形态比较稳定舒适。

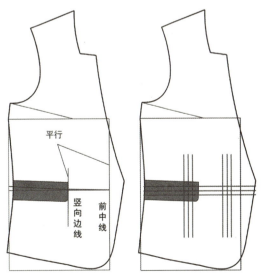

图 7-38 口袋边线与前中线的关系

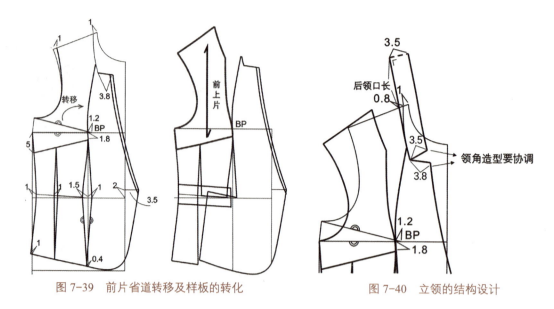

图 7-39 前片省道转移及样板的转化　　　　图 7-40 立领的结构设计

3. 泡泡袖结构解析

两片式泡泡袖的结构设计：泡泡袖时装是袖子借用了衣身的结构，在衣身结构设计的过程中，已经将肩宽进行了调整，在衣身前后袖隆处已经挖掉了 1 cm 的量，而这被挖掉的 1 cm 的量必须在袖山上进行补充，即把衣身的部分借给袖子，袖子泡起的褶量常规设计 6～8 cm。

为了保证袖子合体紧瘦的造型，对于两片袖来说，只需要在大袖袖山弧线上加入泡泡袖所需要的褶量，而小袖不需要加入褶量，目的是在袖山顶点两侧形成褶皱，而腋下部位服帖平整。

技能拓展

四开身立领泡泡袖女西装毛样板制作如下：在制作毛样板之前，首先要检查结构制图的正确性，在确保净样板检验无误之后，再进行裁剪样板的制作。在西服的结构制图中，首先提取前后衣身的净样板，包括前中片、前侧片、贴边片、后中片、后侧片、大袖片、小袖片、领片、口袋片等。同时，将驳头的翻折线、装领点、胸围线、腰围线、前中心线、扣位、袖山顶点等都要一并提取标识。

要求样板的制作过程必须科学严谨，对投入生产的样板，针对客户和工艺的要求，要进行试制、试穿、修正等环节，做到准确无误后才能投入批量生产，绝不可粗心大意。

一、净样板确认

女西装净样板确认如图 7-41 所示。

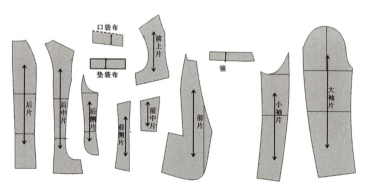

图 7-41 女西装净样板确认

二、毛样板制作

立领泡泡袖女西装的面层毛样板如图 7-42 所示。

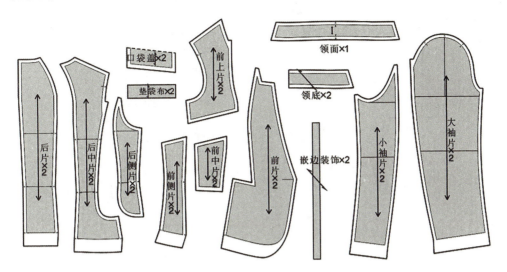

图 7-42　立领泡泡袖女西装的面层毛样板

小贴士

服装制版不仅体现结构技术，也是服装艺术的表达。在制版过程中，很多线条体现着设计者对于美的理解与表达。如这款服装中，领口及前中心斜襟、圆摆的造型在前片的中心位置，是视觉的焦点部位，因此，其造型效果直接关系到整件服装的美观度。要仔细观察款式图并积极想象立体成衣效果，合理地进行设计调整。

任务评价

在立领泡泡袖女西装制版任务结束后进行评价，任务评价结果请填写在表 7-9 中。

表 7-9　立领泡泡袖女西装制版任务评价表

班级						姓名	
工作任务						学号	
项目	内容		技术要求	配分	评分标准	学生自评（40%）	教师评分 60% ）
结构制图	衣身	1	部件齐全（腰省、腋下省、肩胛省、搭门线、扣位等）	10	缺一扣 3 分		
		2	衣身结构比例是否准确	10	根据偏差适当扣分		
		3	腰省位置及造型是否准确	5	不规范适当扣分		
		4	肩胛省结构是否合理	5	不规范适当扣分		
	衣领	5	领座与翻领宽度设计是否合理	5	根据偏差适当扣分		
		6	立领造型是否美观	5	根据美观度适当扣分		

续表

项目	内容		技术要求	配分	评分标准	学生自评（40%）	教师评分60%）
结构制图	衣袖	7	部件齐全（大袖、小袖、袖衩）	5	缺一扣2.5分		
		8	袖型结构准确（袖衩、活褶）	5	一处错误扣2.5分		
		9	袖山吃势量是否合理	5	不规范适当扣分		
		10	袖山弧线是否顺滑、流畅	10	不规范适当扣分		
毛样板	部件	11	部件齐全（衣身、衣领、衣袖、袋布、包条等）	10	缺一扣2～3分		
	缝份	12	各部位毛板放缝尺寸是否合理（衣身、衣袖、袖头、领座、翻领、口袋等）	5	一处错误扣1分		
	信息	13	裁片信息标注完整（裁片纱向、名称、片数、规格等）；对位点、褶位、省位等标记是否清晰	10	缺一扣2分，不规范适当扣分		
工具使用		14	服装CAD软件应用的准确度、熟练度或绘图工具使用的准确度、熟练度	5	不规范适当扣分		
工作态度		15	行为规范、态度端正	5	不规范适当扣分		
综合得分							

巩固训练

1.简述两片式泡泡袖的结构制图方法。

2.列举几种胸省转移形式，并简述胸省转移方法。

3.以下是全国职业院校技能大赛中的考题，请根据款式描述和图示，试画出衣身转移结构和袖子制图。

款式特征描述如下：

（1）领子：驳领，顺驳头，领面分体翻领，领底一片斜纱向。

（2）前衣身：四开身结构，门襟1粒扣，小圆角倒"V"形前下摆，前片刀背分割线自袖窿起至前腰下圆角插袋前端相连，曲线袋口转向侧缝，呈"L"形；前侧片向下延长至袋底，实用口袋；领下有胸省道。

（3）后衣身：后片刀背缝自袖窿中下部起，过腰线收腰，直通底摆。

（4）袖子：合体两片插肩袖结构，前后插肩缝上朝肩峰各做一个"工"字对褶，肩棱无缝，袖口开衩两粒扣。

正面款式图

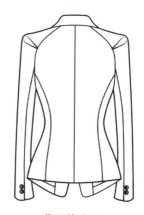
背面款式图

项目八
深衣新意 连衣裙制版案例应用

项目描述

深衣是中国最早的一种上下连身制的服装形式，其体现了古代服装制度的诸多"深意"，是现代连衣裙的鼻祖。现代连衣裙有"时尚皇后"的美誉，是变化莫测、种类最多、最受青睐的女装品类。对接职业技能鉴定标准，能够解读旗袍结构并完成旗袍制版是考取"三级"服装制版师的必备技能。本项目中包括两个任务：一是对接职业技能证书要求，以破肩收省旗袍为例，解析合体连衣裙的结构与样板；二是通过鱼尾礼服裙学习更为复杂的衣身转化结构。任务内容一是对结构、毛样板的详细解析，辅助运用三色图解、3D虚拟成衣识款、2D动画解构、CAD软件演示制图过程等动态资源，使学习者能够更直观、高效地掌握连衣裙的制版方法；二是通过"三级"服装制版师职业技能考题解析，对标标准、巩固所学；三是融入"工匠大师"事迹资料、国家标准《旗袍》、非遗旗袍传统工艺、企业生产工艺单，使学习者能够全面了解"国粹旗袍"的历史文化、制版与工艺，提升文化自信与民族担当意识，并能自觉弘扬旗袍文化。

学习目标

知识目标：

1. 了解中国传统旗袍结构演变的三个阶段及各阶段旗袍的特色；
2. 了解旗袍的"镶、嵌、绲、宕、盘、绣"等特色传统工艺；
3. 掌握破肩收省型现代旗袍的制图及毛样板的制作方法；
4. 了解国家标准《旗袍》(GB/T 22703—2019)。

能力目标:

1. 能够掌握现代收腰旗袍、礼服的版型设计与修正;
2. 能够根据旗袍、礼服工艺特点,合理进行毛样板的设计;
3. 能够用 CAD 软件完成旗袍、礼服的版型设计与毛样板的制作。

素养目标:

1. 通过对旗袍品类的国家标准解读,培养质量意识、标准意识;
2. 通过"旗袍工匠大师"的名匠故事导读,提升职业认同与民族担当意识;
3. 用服装 CAD 软件完成制版过程,培养数字应用能力、实践操作能力。

▶ 晓理近思

1. 你了解中国古代服装中的深衣吗?你知道我国最早的连衣裙是什么吗?你能说出古代与现代服装版型的差别吗?请扫描二维码阅读材料"探寻现代服装与深衣精神的融合创新",并举例说说现代服装与深衣精神的融合创新。

文本:探寻现代服装与深衣精神的融合创新

2. 旗袍是中国女性最具代表性的传统服装,你了解旗袍的发展历史吗?请扫描二维码观看视频"国粹旗袍的发展史",说说旗袍变化的几个关键时期及其款式变化特征。

视频:国粹旗袍的发展史

3. 旗袍是国家级非物质文化遗产。这份荣誉的背后,是一代代工匠大师坚持不懈的努力。请扫描二维码阅读材料"旗袍工匠大师——褚宏生",说说你领悟到什么工匠精神。

文本:旗袍工匠大师——褚宏生

4. 随着国家对传统文化的重视,习近平总书记提出要增强文化自信的号召。研究旗袍所体现的民族精神与文化内涵，对今天认识和传承中华民族优秀传统文化具有重要的意义。请扫描二维码观看视频"旗袍结构与工艺的发展演变"，感受旗袍所承载的文化意蕴与历史内涵，并说说图 8-1 所示的三种旗袍结构形式的发展脉络。

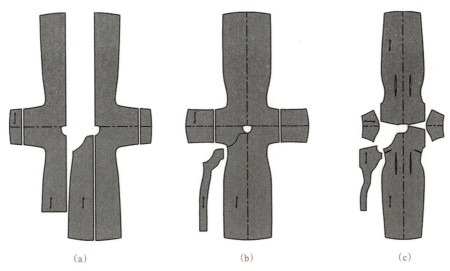

图 8-1 旗袍结构形式

（a）连肩平袖有中缝传统旗袍；（b）十字整衣型改良旗袍；（c）破肩收省现代旗袍

视频：旗袍结构与工艺的发展演变

5. 国家标准《旗袍》的实施，对于旗袍产业的健康发展具有重要意义。它不仅促进了旗袍制作技术的提升和改良，还推动了旗袍设计和制作的标准化，使旗袍这一传统服饰不仅能够保持其传统美感，而且能够满足现代生活的需求。国家标准为旗袍产业的发展提供了坚实的基础，使其能够更好地适应市场需求。请扫描二维码阅读"国家标准《旗袍》（GB/T 22703—2019）"。

文本：国家标准《旗袍》（GB/T 22703—2019）

任务一 破肩收省旗袍的制版

> **任务导入**

在中国的民族服装中，旗袍以其独特的魅力一直独领风骚，久盛不衰。随着国家对传统文化的重视，研究它所体现的民族精神与文化内涵，对今天认知和传承中华民族优秀传统文化具有重要的意义。本任务从旗袍的发展历史为开端，以旗袍结构与工艺的发展演变为主线，一起感受它所承载的文化意蕴与历史内涵，并通过解析破肩收省旗袍的结构，完成旗袍的样板设计。本任务中的三维成衣效果图，是用本任务中制作的2D样板，按照1∶1比例在3D软件中进行虚拟缝合得到的，以求用现代服装专业软件真实展示缝制成衣效果，所见即所是，力求知行合一。

1. 观察图8-2所示的两款旗袍的开襟和立领边缘，思考运用的是什么传统工艺。试着说一说，工艺不同对服装样板有影响吗？两者的缝份该如何设计？

2. 在旗袍的设计中融入现代设计理念，衍生出各种穿着场合更为广泛的休闲风格旗袍，请扫描二维码"三维虚拟旗袍款式1""三维虚拟旗袍款式2"，观看图8-3所示的两款三维虚拟旗袍效果，思考其与传统旗袍相比，创新特色体现在哪里。

图8-2 两款传统旗袍

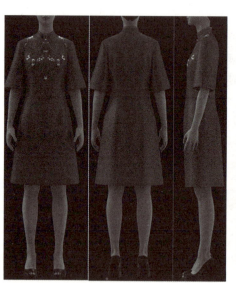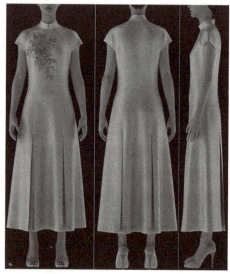

图8-3 两款三维虚拟旗袍

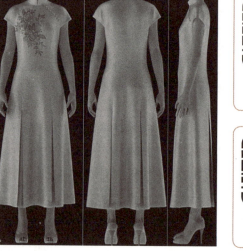

动画：三维虚拟旗袍款式1

动画：三维虚拟旗袍款式2

知识储备

一、旗袍的两种结构形式

从民国时期演变而来的旗袍,有两种结构形式被保留并传承。一种是被称为古法裁剪的十字整衣型改良旗袍,它代表的是中国数千年来一种不断演化和发展的服装形制。在其造型不断变化的过程中,其结构本质并未发生改变。它一直严格地遵从中国传统袍服的以前后身中心线为中心轴,以肩袖线为水平轴,前后片为整幅布连裁的十字整衣型结构。另一种是破肩收省的现代旗袍,是中国传统服装文化对西方文化的接纳并与之交流和融合的产物,是运用了现代裁剪方法的结构形式(见图8-4、图8-5)。

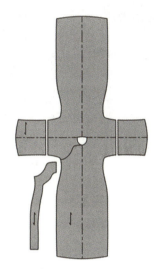

图8-4 十字整衣型改良旗袍着装图及结构图

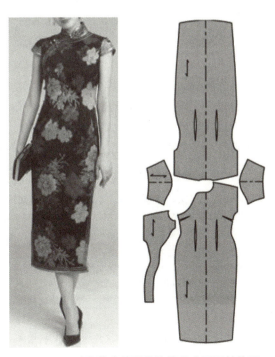

图8-5 破肩收省的现代旗袍着装图及结构图

二、旗袍的传统手工艺

一件美丽旗袍的诞生,离不开精湛的工艺技术的支撑,"镶、嵌、绲、宕、绣"等特色传统工艺的运用是旗袍的灵魂,是旗袍动静之间摇曳生姿的秘诀。旗袍中盘花扣的编制,镶滚边的精作,都是中国服饰的独特创举,展现了中国传统的民族艺术和民族精华,体现了深邃的民族精神(见图8-6)。

比如传统的绲边工艺。绲边不仅能起到装饰效果,还可以使旗袍更加耐磨,增强了实用性。有时为了增加边条的韵律美,会在绲边内再加宕条装饰,宕条是缝贴在衣片靠近边缘的部位,所以宕条不影响缝份量的设计。但绲边是用绲条包光边缘,传统的旗袍制作是正反两面看不到线迹,因此一般是用手工缝制。

微课:旗袍特色传统工艺

  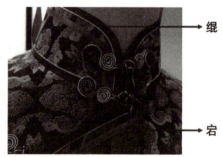

图8-6 传统工艺:绣、盘、绲、宕

三、旗袍中的右衽

在中国的传统礼仪中,交领右衽是汉族服装的基本形制之一,旗袍就是沿袭了汉族传统的右衽偏襟,蕴含了中国传统的礼仪及文化,什么是右衽呢?右衽是以穿衣人的视角来看,左边的衣襟搭设在右边衣襟的外面,并且向右掩。另一种辨别方式就是,从对面看,衣襟呈现英文小写字母"y"字形,即右衽(图8-7)。

图8-7 交领右衽

四、服装制版师国家职业技能标准(三级)技能与知识要求

对接服装制版师国家职业技能标准,能够解读旗袍结构并完成旗袍制版是考取三级服装制版师的必备技能。服装制版师国家职业技能标准(三级)技能与知识要求见表8-1。

表8-1 服装制版师国家职业技能标准(三级)技能与知识要求

服装制版师国家职业技能标准(三级/高级工)			
职业功能	工作内容	技能要求	知识要求
1. 产品款式分析	1.1 款式分析	1.1.1 能根据给定的设计效果图、款式图、工艺文件等用文字描述旗袍、茄克衫等的款式造型特点 1.1.2 能根据给定的样衣、实物图片,用文字描述旗袍、茄克衫等的款式造型特点	1.1.1 旗袍、茄克衫等的设计效果图、款式图基本知识 1.1.2 旗袍、茄克衫等的造型基本知识
	1.2 材料分析	1.2.1 能通过简单实验或根据技术文件确认面辅料缩率、正反面、布纹方向等 1.2.2 能根据旗袍、茄克衫等的常用面辅料样品,用文字表达材料质地、性能特点	1.2.1 服装面辅料基本知识 1.2.2 纺织纤维与纱线的基本知识

续表

服装制版师国家职业技能标准（三级/高级工）			
职业功能	工作内容	技能要求	知识要求
1. 产品款式分析	1.3 结构分析	1.3.1 能根据给定的效果图、款式图、样衣、实物图片，确定旗袍、茄克衫等的结构特点 1.3.2 能根据给定的旗袍、茄克衫等的效果图、款式图、样衣、实物图片和服装号型，确定成品规格尺寸 1.3.3 能根据给定的旗袍、茄克衫等的效果图、款式图、样衣、实物图片和服装号型，确定细节部位规格尺寸	1.3.1 旗袍、茄克衫等服装规格尺寸的基本知识 1.3.2 旗袍、茄克衫等服装尺寸测量的基本知识
	1.4 工艺分析	1.4.1 能根据给定的旗袍、茄克衫等的效果图、款式图、样衣、实物图片，用文字表达缝型、线迹、零部件等工艺概要并编制工艺流程图 1.4.2 能根据给定的旗袍、茄克衫等的效果图、款式图、样衣、实物图片，用文字表达特殊工艺	1.4.1 旗袍、茄克衫等服装缝制加工工艺基本知识 1.4.2 工艺流程图编制的基本知识
2. 样板绘制	2.1 结构图绘制	2.1.1 能根据服装设计要求确定长度测量位置和围度加放量 2.1.2 能根据给定的旗袍、茄克衫效果图、款式图、样衣、实物图片和服装号型，使用专用工具绘制结构图	2.1.1 旗袍、茄克衫围度加放量知识 2.1.2 旗袍、茄克衫结构图基本知识
	2.2 基础样板制作	2.2.1 能使用专用工具，在结构制图基础上 确定放缝，绘制旗袍、茄克衫的裁剪样板、工艺样板等基础样板 2.2.2 能使用专用工具，制作旗袍、茄克衫等的基础样板，并标注文字、符号、标记等	2.2.1 旗袍、茄克衫等的基础样板制作知识
	2.3 样板核验	2.3.1 能根据给定的旗袍、茄克衫款式图和服装号型核验基础样板，识别错误并修正 2.3.2 能通过制作旗袍、茄克衫假缝坯样核验基础样板，识别错误并修正	2.3.1 旗袍、茄克衫样板核验的基本知识 2.3.2 旗袍、茄克衫假缝工艺的基本知识

任务实施

一、破肩收省旗袍的结构制版

1. 款式特点

如图 8-8 所示，本款旗袍采用圆角的中式立领，两侧摆缝下端开衩。前后衣片的腰部收省，领外围边缘、开衩部位、底摆、袖口采用绲边工艺，右衽开襟，前片采用假开襟造型，后中装缝拉链，便于穿脱。

2. 规格设计

成衣尺寸规格如表 8-2 所示。

微课：破肩收省型现代旗袍案例——后片的结构设计

微课：破肩收省型现代旗袍案例——前片的结构设计

PPT：破肩收省的现代旗袍案例——后片结构制版

PPT：破肩收省的现代旗袍案例——前片结构制版

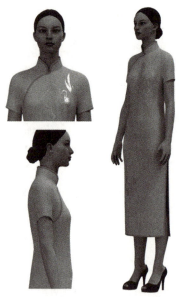

图 8-8 破肩收省旗袍三维效果图

表 8-2 成衣尺寸规格表

号型	部位名称	衣长 L/cm	胸围 B/cm	腰围 W/cm	臀围 H/cm	领围 N/cm	肩宽 S/cm	袖长/cm	腰节长/cm
165/84A	净体尺寸	120	84	68	90	38	38	17	前40.5 后39
165/84A	成品尺寸	120	88	74	94	38	38	17	—

3. 结构制图

以 160/84A 的中间号型进行图 8-9 所示的结构制图。

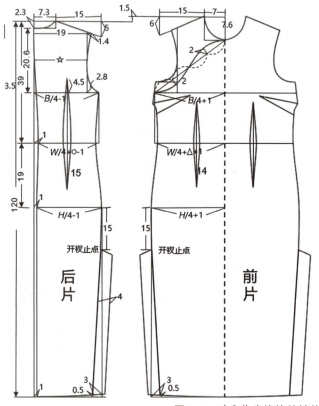
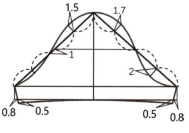
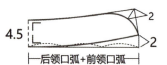

图 8-9 破肩收省旗袍的结构制图

二、结构解析

(一) 衣身结构解析

(1) 腰部以上基础线的绘制:胸围的尺寸分配为 $B/4-1$ 和 $B/4+1$,前肩线长小于后肩线长 0.5 cm,袖窿深线取公式为 $B/5+3$,等于 20.6 cm(见图 8-10)。

(2) 省道的分配:从旗袍的侧面造型能够看出,后片收腰量大于前片,在此,根据成衣的腰围规格尺寸进行计算后,后腰省设计 3.2 cm,前腰省设计 2.3 cm(见图 8-11)。

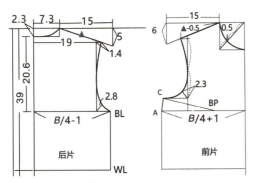

图 8-10 基础线的绘制

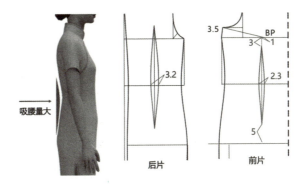

图 8-11 省量的分配

(3) 腋下省位置的确定及省道转移:腋下省设计在从侧缝向下量取 5~7 cm 的位置,与 BP 点连接,将基础省道合并转移到分割线中,调整省尖距离 BP 点 3 cm,绘制省山,省道闭合(见图 8-12)。

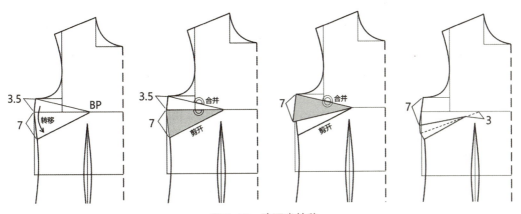

图 8-12 腋下省转移

(二) 立领的结构设计

(1) 立领的尺寸设计:常规立领的宽度设计在 4~5.5 cm,立领前端的宽度可以与后中宽度一致,也可以略小于后中宽度。当然也不是必须如此,在电影《花样年华》中张曼玉所穿的旗袍的立领能达到 7 cm 左右(见图 8-13)。

(2) 立领的绘制:首先绘制水平线与竖

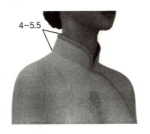

图 8-13 立领的宽度设计

直线，在水平线上量取后领口弧长+前领口弧长。在竖直线上量取领宽4.5 cm，前领向上量取2 cm作为上翘量，将前后领口弧长三等分，在第一等分点向上绘制圆顺的领下口弧线，在前领口处绘制领底线的垂线，长度为3.8～4.5 cm。在45°斜角上，向内收2 cm，绘制圆顺的领外口弧线，领外口弧线也要与后中心线垂直，立领绘制完成（见图8-14）。

（三）衣袖结构解析

衣袖结构解析如图8-15所示。

（1）在制作袖子样板之前，先测量前后袖隆的长度，也就是后AH和前AH。

（2）袖肥线与袖山高的绘制：画一条水平的袖肥线，绘制袖长线垂直于袖肥线，并在袖长线上量取袖山高，袖山高的取值公式为（AH/4+2.8）或AH/3。从顶点量取17 cm的袖长尺寸，绘制袖口线。在袖山高上取二等分，从等分点绘制水平线，交于后AH和前AH。从后AH的交点向下量取1 cm。

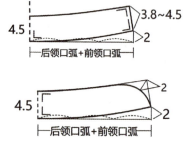

图8-14 立领完成图

（3）袖山弧线的绘制：前AH斜线上四等分，在第一等分点垂直向上1.7 cm，在最后一个等分点垂直向内2 cm，后AH斜线上，从二等分的位置向上再二等分，垂直向外1.5 cm，从1 cm的点向下部分也进行二等分，并垂直向内0.8 cm，绘制顺直圆顺的袖山弧线。

（4）袖口线的绘制：袖口线上两侧内收0.8 cm，下落0.5 cm，绘制袖缝线及顺直的袖口线。

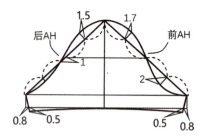

薄面料：吃势量小，袖山容量小，袖山斜线取值小

厚面料：吃势量大，袖山容量大，袖山斜线取值大

图8-15 衣袖完成图

（5）**袖山容量与袖山斜线的关系**：袖山容量也就是旗袍绱袖缝合时的吃势量，如果制作旗袍的丝织品面料较薄，绱袖所需的吃势量较小，袖山容量就小，那么前后袖山斜线的取值也可以略小；反之面料越厚，吃势量越大，袖山容量也越大，前后袖山斜线的取值也可以略大。

因此，前后袖山斜线的取值范围是在前、后AH的基础上±0.3左右，加减的数值根据面料情况来确定。总之，面料越薄，袖山容量越小；面料越厚，袖山容量越大。可以根据不同的需要设计前后袖山斜线的取值。

技能拓展

一、破肩收省旗袍生产毛样板制作

旗袍的工艺复杂，考究的工艺手法造就了旗袍别样的美感，因而其中大部分还需要用传统的手工制作才能完成，使旗袍更赋有神秘感和艺术价值。不同的工艺方法，所需预留的缝份量有所不同，因此，毛样板也不同。

在制作毛样板之前，首先要检查结构制图的正确性，在确保净样板检验无误之后，再进行毛样板的制作。在旗袍的结构制图中,首先提取前后衣身的净样板,包括前片、后片、袖片、领片。同时,将胸围线、腰围线、前中心线、偏襟位置、扣位、袖山顶点等都要一并提取标识。

要求样板的制作过程必须科学严谨,对投入生产的样板,针对客户和工艺的要求,要进行试制、试穿、修正等环节,做到准确无误后才能投入批量生产,绝不可粗心大意。

(一)净样板确认

旗袍净样板确认如图 8-16 所示。

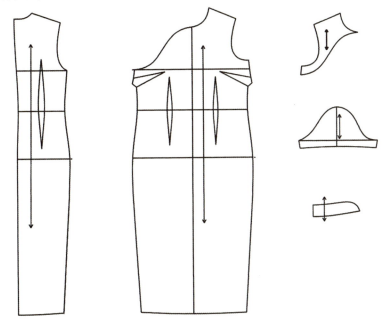

图 8-16　旗袍净样板确认

(二)毛样板制作

1. 应用绲边工艺的样板制作

绲边应用于偏襟、开衩处、底摆、立领边缘、袖口边部位,如图 8-17 所示。

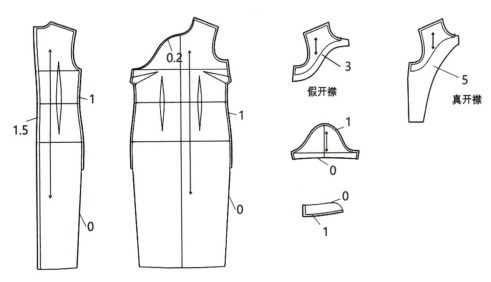

图 8-17　旗袍的面层毛样板

2. 应用嵌边、折边工艺的样板制作

折边工艺应用部位：开衩部位；嵌边工艺应用部位：偏襟、立领边缘、袖口边（见图 8-18）。

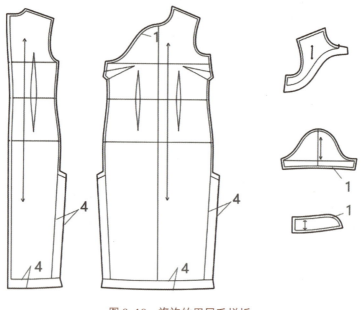

图 8-18　旗袍的里层毛样板

二、知识点解析

1. 应用绲边工艺的样板制作

绲边应用于偏襟、开衩处、底摆、立领边缘、袖口边部位，应用绲边工艺时，原则上这些地方是不放缝份的，因此缝份为 0，或者在偏襟部位预留 0.2 cm 的缝份，其他缝接部位的预留缝份依然是 1 cm。后中缝如果装缝拉链，缝份是 1.5 cm，前面的偏襟如果是假开襟，缝份留 3 cm 作为遮掩量即可。如果是真开襟，遮掩量的设计就要大一些。

2. 应用嵌边、折边工艺的样板制作

嵌边工艺，是指将长条面料制成嵌线或嵌条缝在两片衣缝之间，使旗袍整体协调又增添精致感。因为嵌条是缝在两片衣缝之间的装饰条，因此，两边就要留出缝头，如将嵌条装饰在偏襟、立领边缘、袖口边缘部位，这些部位就要留出 1 cm 的缝份。

折边工艺，如在开衩处不用绲边工艺，而是用这种简化的折边工艺方法，开衩部位及底摆就需要放 4 cm 的折边量。

绲边、嵌边、折边工艺是旗袍常用的三种影响缝份设计的工艺。在实际操作中，要根据不同的工艺方法，灵活运用所学的知识，设计规范合理的旗袍裁剪样板。

三、服装 CAD 数字制版实践

用服装 CAD 软件完成破肩收省旗袍的制版、毛样板的制作，并能够对样板进行复核检查、文字标识、剪口标注等。

微课：旗袍 CAD 实操——后片制版

微课：旗袍 CAD 实操——前片制版

微课：旗袍 CAD 实操——领、袖制版

微课：旗袍 CAD 实操——裁剪样板的制作

四、三维虚拟旗袍呈现

运用 3D 虚拟试衣技术，用本任务中制作的平面样板，按照 1∶1 比例在 3D 软件中进行虚拟缝合，用现代服装专业软件真实展示缝制成衣效果。一方面，解决传统平面制版"成衣效果难呈现"的问题，可实时检验、修正二维样板；另一方面，用现代信息化手段传承旗袍工艺经典，可提升文化自信。

微课：三维虚拟旗袍缝合试衣

微课：三维虚拟旗袍效果展示

小贴士

随着现代技术的发展，国家对传统文化的重视，旗袍作为最具民族特色的一种服饰，与东方女性温柔独立、坚强内敛的品质相融合。旗袍本身已经成为代表着东方文化的符号，期望你能学有所成，练就精湛的旗袍制版与工艺技术，带着中国人民对美好生活的追求走向世界的舞台。

任务评价

依据国家职业技能标准服装制版师操作技能（三级）的评分标准，设计破肩收省旗袍结构制版任务评价表，请完成并将评价结果填写在表 8-3 中。

表 8-3　破肩收省旗袍的结构制版任务评价表

班级						姓名	
工作任务						学号	
项目	内容		技术要求	配分	评分标准	学生自评（40%）	教师评分（60%）
产品款式分析	款式分析	1	旗袍的款式造型特点描述准确	5	不规范适当扣分		
	结构分析	2	旗袍的结构、工艺特点描述准确	5	不规范适当扣分		
结构制图	衣身	3	部件齐全（腰省、腋下省、开衩、偏襟、扣位等）	10	缺一扣 2 分		
		4	衣身结构比例设计合理、准确	10	根据偏差适当扣分		
		5	腰省位置及造型合理、准确	5	不规范适当扣分		
		6	偏襟位置及造型合理、准确	5	不规范适当扣分		
	衣领	7	立领宽度设计合理、准确	5	根据偏差适当扣分		
		8	立领造型美观合理	5	根据美观度适当评分		
	衣袖	9	袖子造型美观	5	根据美观度适当评分		
		10	袖子各部分尺寸配置合理	5	不规范适当扣分		
		11	袖山吃势量设计合理	5	不规范适当扣分		
		12	袖山弧线、袖缝线结构正确、绘制流畅	5	不规范适当扣分		
毛样板制作	部件	13	部件齐全（衣身、衣领、衣袖、开衩、包条等）	5	缺一扣 1 分		
	缝份	14	各部位毛板放缝尺寸是否合理（衣身、衣袖、立领、偏襟、开衩等）	10	一处错误扣 1 分		

续表

项目	内容		技术要求	配分	评分标准	学生自评（40%）	教师评分（60%）
毛样板制作	信息	15	裁片信息标注完整（裁片纱向、名称、片数、规格等）；对位点、褶位、省位等标记是否清晰	5	缺一扣0.5分，不规范适当扣分		
工具使用		16	服装CAD软件应用的准确度、熟练度或绘图工具使用的准确度、熟练度	5	不规范适当扣分		
工作态度		17	行为规范、态度端正	5	不规范适当扣分		
综合得分							

前沿技术

"三维制版"新技术的应用——3D打印旗袍

随着科技的不断进步，颠覆传统二维制版到缝制成衣的服装生产流程，3D服装打印技术创造了一种前所未有的"三维制版新技术"，开始在各个领域展现出巨大的潜力。

文本：国家职业技能标准服装制版师操作技能（三级）评分标准

一、3D服装生产流程

（1）进行图纸绘制。首先对服装的廓形、尺寸、弧度等数据进行设计。

（2）在三维软件中构建立体模型。在模型设计过程中完成以下三个方面的工作。

1）考量服装产品支撑力。产品的支撑力是产品能否成型的关键。

2）把握其最佳厚度。这是要在服装达到最佳产品效果的同时达到可打印程度。

3）预估产品最终结果。预估产品效果能对三维图纸的设计起到指导作用。

（3）将服装产品进行打印。不同产品对其打印的机器与材料要求各不相同，为了达到最佳打印效果，需要产品、机器、材料三者统一。

（4）对服装进行后处理。后处理可以弥补在打印过程中出现的不足，并建立三维图纸与实际产品的对照资料库，为后续建模设计提供可靠依据，同时，也为制造出最大限度贴合设计的产品打下基础。

二、3D打印旗袍——传统与现代科技的碰撞

在国家博物馆"伟大的变革——庆祝改革开放40周年大型展览"会上，东华大学海派科技旗袍系列作品新推发光、变形、3D打印旗袍，体现了文化传承与现代科技的融合创新。其中一款3D打印旗袍，压轴登台，艳惊四座。它由东华大学上海国际时尚创意学院与科思创中国聚合物有限公司联合开发，3D旗袍基于柔性TPU材料，按"3D打印衣片＋传统缝制工艺"的技术路径制作而成。TPU材料柔性特征良好，加持苏格兰格纹图案设计的立体镂空面料，其物理特性足以与中等厚度的纺织品媲美，且可以100%回收再利用。同时，使用3D打印技术制造的衣片，在尺寸、图案、肌理等多个方面都可以个性化定制，是未来实现服装大批量定制的全新途径（见图8-19）。

图 8-19　3D 打印旗袍

三、3D 打印服装的优缺点

（1）运用 3D 打印技术服装设计的最终成果更像是服装、建筑和产品三类设计元素的合体。在服装元素的设计和提取中可以更变相与符号化和图形化的设计，未来主义的视觉效果极强。

（2）不同于传统材料在交织（经纱和纬纱）时存在摩擦阻力，3D 打印材料因其制造工艺的熔融交错可进一步提升精确度。同时，3D 打印材料也更轻便透气。此外，采用 3D 打印技术可减少材料消耗，并实现一体制件简化生产流程，从而降低生产成本和劳动力成本。

（3）3D 打印中使用的 TPU 具有出色的耐磨性、色牢度和抗紫外线性能。TPU 还可以回收再利用，使循环再生成为可能。瞬息万变的时尚界面临材料浪费和大量排放的巨大挑战，可持续性正变得越来越迫切，而 TPU 的上述特征为全球服装业创造了全新途径。

四、3D 打印服装未来发展前景

对于纺织服装业来说，3D 打印技术还能够使企业制造出传统生产技术无法制造的外形。快速生产—快速推入市场—快速消费—快速回收成本的模式能够满足企业的迫切需求，以最快的速度生产商品，以便尽快投入市场，保证资金的流动性。

在运动服装等领域，3D 打印似乎取得了更大的成功。3D 打印技术在服装中的应用层出不穷，带给人惊艳的视觉效果。

尽管 3D 打印技术尚未进入主流和中端市场，但该技术正逐渐影响奢侈品、配饰和制造等领域。相对于发展初期而言，打印外观、成型速度、成本价格、服装硬度、实用性上已大大改善，且大众获取科技信息的途径、速度及频率越来越多元化与快速化，使愿意选择更具个性与科技环保 3D 服装的人数逐年增加。随着 3D 打印机器的改善发展，更环保及更廉价的新材料出现，3D 打印服装项目未来发展前景值得期待。

巩固训练

1. 设计一款旗袍立领，画出款式图，并据此绘制其结构图（领口围 $N=40$，领座宽度为 5.5 cm）。

要求：（1）款式清晰，规格尺寸合理；
　　　（2）线条规范，标明丝缕符号；

（3）在结构制图上标出主要部位的公式；

（4）按照1∶5的比例制图，各部位比例准确，分割合理。

2. 请列举几种影响旗袍毛样板缝份量设计的工艺形式。

任务二　鱼尾礼服裙的制版

任务导入

女装礼服造型多样，结构复杂，因此，礼服的结构制版是对应服装制版师国家职业技能标准中的最高级——一级制版师。本任务选取典型的鱼尾礼服裙案例，通过解析合体修身型礼服连衣裙的结构设计，完成鱼尾礼服裙的制版。要求学习者重点掌握鱼尾造型的结构原理，做到能够举一反三，学习运用由观察表象到洞悉本质的哲学思辨能力。

观察图8-20所示的三款礼服裙，思考礼服的裁剪方法及工艺制作方式有哪些。

图8-20　三款礼服裙

知识储备

一、礼服的概念、风格及分类

1. 概念

礼服是指在某些重大场合上参与者所穿着的庄重而且正式的服装。根据场合、时间、正式程度的不同，有多种分类。

2. 风格及分类

（1）着装时间：晚礼服、日礼服。

（2）正式程度：正式礼服、准礼服。

（3）着装场合：音乐会礼服、派对礼服、婚礼服、庆典礼服等。

（4）风格：另类礼服、简洁礼服、复古礼服、宫廷礼服、性感礼服。

二、各类礼服的形制规范与设计要领

1. 晚礼服

形制规范产生于西方社交活动中,是在晚间正式聚会、仪式、典礼上穿着的礼仪用服装。裙长及脚背,面料追求飘逸,垂感好,颜色以黑色最为隆重。晚礼服风格各异,西式长礼服袒胸露背,呈现女性风韵。

中式晚礼服高贵典雅,塑造特有的东方风韵,还有中西合璧的时尚新款。与晚礼服搭配的服饰适宜选择典雅华贵、夸张的造型,凸显女性特点。

2. 小礼服

小礼服是在晚间或日间的鸡尾酒会、正式聚会、仪式、典礼上穿着的礼仪用服装。裙长在膝盖上下5 cm,适宜年轻女性穿着。与小礼服搭配的服饰适宜选择简洁、流畅的款式,着重呼应服装所表现的风格。面料选用天然的真丝绸、锦缎、合成纤维及一些新的高科技材料。

3. 裙套装礼服

裙套装礼服特指白天外出正式拜会访问时穿用的正式服装,也称午服,可在购物、戏剧、茶会、朋友聚会等场合派上用场,稍加修饰也可参加朋友的婚礼、庆典仪式等。其具有高雅、沉着、稳重的风格。午服不宜过于暴露肌肤,领、袖、肩既不可过于裸露又不可过于严实,以免显得死板拘谨,力求显现的是优雅、端庄、干练的职业女性风采。午服并不局限于一件式连衣裙,还包括多用套装、两件套、三件套等。

4. 婚礼服

婚礼服是新郎、新娘举行婚礼时穿着的服装。现代婚礼有的穿传统民族服装的衫、袄、旗袍;有的穿西式婚礼服,即新郎穿西装,新娘为裙装。新娘裙装通常为高腰式连衣裙,裙后摆长拖及地。裙装多采用缎子、棱纹绸等面料,一般为白色,象征新人洁身自好。新娘配用露指手套,手握花束,头戴花冠,花冠附有头纱、面纱。

三、解读礼服工艺单

企业工艺单(中式鱼尾摆裙款式)如图8-21所示。

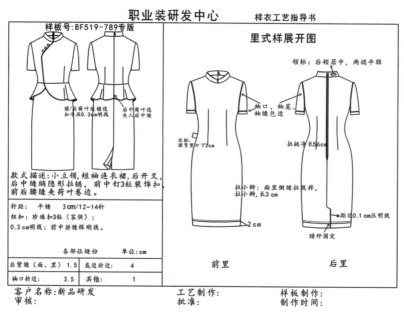

图8-21 企业工艺单(中式鱼尾摆裙款式)

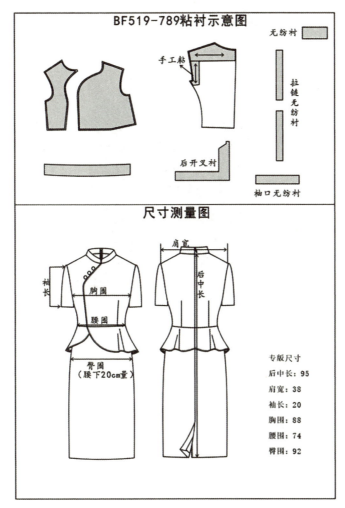

图 8-21 企业工艺单（中式鱼尾摆裙款式）（续）

任务实施

一、鱼尾礼服裙的结构制版

1. 款式特点

如图 8-22 所示，本款礼服裙采用前后大"V"字领、无袖，胸下分割线，加入碎褶裥突出胸部造型。与此对应，前后肩线以下用装饰扣带形成自然碎褶。前后腹部以下采用低腰横向分割线，裙身为 8 片分割鱼尾裙结构，后背中缝绱隐形拉链。

2. 规格设计

成衣尺寸规格如表 8-4 所示。

3. 结构制图

以 160/84A 的中间号型进行图 8-23、图 8-24 所示的结构制图。

微课：鱼尾礼服裙案例——上半身的结构制版

微课：鱼尾礼服裙案例——下裙的结构制版

PPT：鱼尾礼服裙案例——上衣片的结构制版

PPT：鱼尾礼服裙案例——下部鱼尾裙的结构制版

图 8-22 鱼尾礼服裙效果图

表 8-4 成衣尺寸规格表

号型	部位名称	衣长 L/cm	胸围 B/cm	腰围 W/cm	臀围 H/cm
160/84A	净体尺寸	120	84	66	90
160/84A	成品尺寸	120	88	72	94

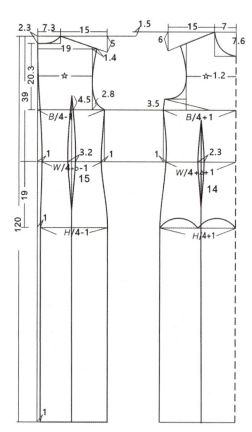

图 8-23 鱼尾礼服裙的结构制图

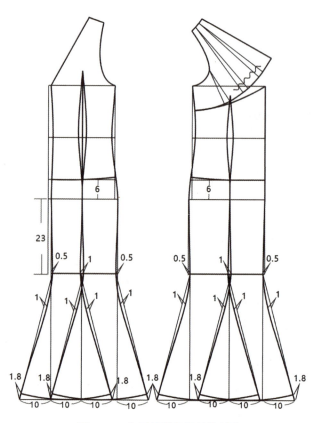

图 8-24 鱼尾礼服裙的结构转化

二、结构解析

(一) 基础框架结构解析

1. 前后身宽的分配

从女性人体净胸围的特征来看,因为前面有胸高,因此前胸围 > 后胸围,前后身宽的尺寸分配为 $B/4+1$ 和 $B/4-1$,腰围、臀围与胸围的分配方式一致。

2. 袖窿深的确定

对于夏装中无袖连衣裙袖窿部位的处理,要考虑到美观防走光的需要,相对装袖服装的袖窿深度,上提 1.5~2 cm。

(二) 上部衣身结构解析

(1) 前后片"V"形领的绘制:从前片、后片的侧颈点向肩线量取 6 cm,绘制"V"形领口,交于胸围线,礼服的肩线长度设计 5 cm,重新修顺前后片的袖窿线。

(2) 胸下造型弧线的设计:从侧缝线向下 7.6 cm 设计胸下造型弧线(见图 8-25)。

(3) 基础省的转移:将基础省转移到前中心处,基础省合并,前中心处打开,连接弧线造型。设计三条剪开线并由下向上剪开,展开量分别设计 2 cm,修顺轮廓线,标记抽缩符号(见图 8-26)。

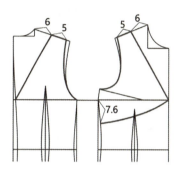

图 8-25 上部衣身分割

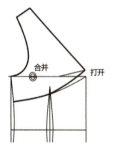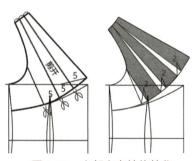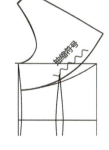

图 8-26 上部衣身结构转化

(三) 下裙结构解析

在每条竖向分割缝中内收 0.5 cm,底摆设计 10~12 cm 的展量,展量越大,鱼尾效果越明显(见图 8-27)。

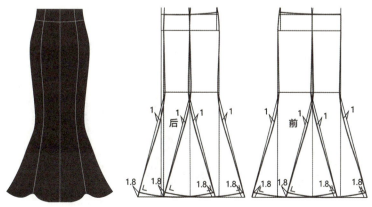

图 8-27 鱼尾裙摆结构设计

技能拓展

一、横向分割形式的鱼尾裙制版

1. 款式特点
如图 8-28 所示是斜线分割的鱼尾半裙，是一种横向分割形式的鱼尾裙。

微课：鱼尾裙版型结构原理

2. 结构制图
横向分割形式的鱼尾裙制版如图 8-28 所示。

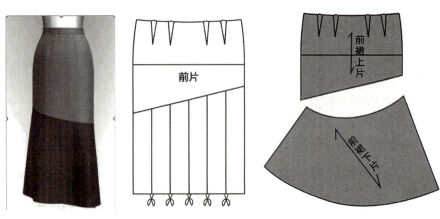

图 8-28　横向分割形式的鱼尾裙制版

3. 结构解析
鱼尾的浪式设计：将裙摆处样板整个前片设计 5 条或更多条剪开线，分别剪开、展开样板，展量越大，鱼尾波浪效果越明显。如图 8-29 所示是分别设置 4 cm、8 cm 和 12 cm 展量的 3D 成衣效果。

图 8-29　设置 4 cm、8 cm 和 12 cm 展量的二维样板与 3D 成衣效果对比

二、鱼尾礼服裙毛样板制作

在制作毛样板之前,首先要检查结构制图的正确性,在确保净样板检验无误后,再进行毛样板的制作。首先提取前后衣身的净样板,包括前上片、前侧片、前中片、后上片、裙后中片、裙后侧片、裙前侧片、裙前中片。同时,将胸围线、腰围线、臀围线等都要一并提取标识。

要求样板的制作过程必须科学严谨,对投入生产的样板,针对客户和工艺的要求,要进行试制、试穿、修正等环节,做到准确无误后才能投入批量生产,绝不可粗心大意。

1. 净样板确认

鱼尾礼服裙净样板确认如图 8-30 所示。

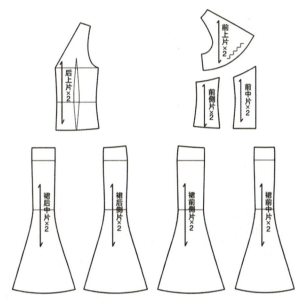

图 8-30　鱼尾礼服裙净样板确认

2. 毛样板制作

鱼尾礼服裙的毛样板如图 8-31 所示。

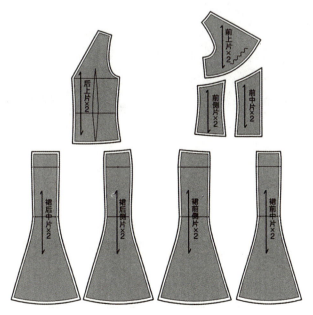

图 8-31　鱼尾礼服裙的毛样板

三、悬垂褶礼服裙的结构制版

1. 款式特点

如图 8-32 所示，本款礼服裙采用"V"字领、无袖，胸下分割线，加入碎褶裥突出胸部造型，与此对应，下裙采用悬垂褶设计，后背中缝绱隐形拉链。收腰的曲线造型，优雅大方。

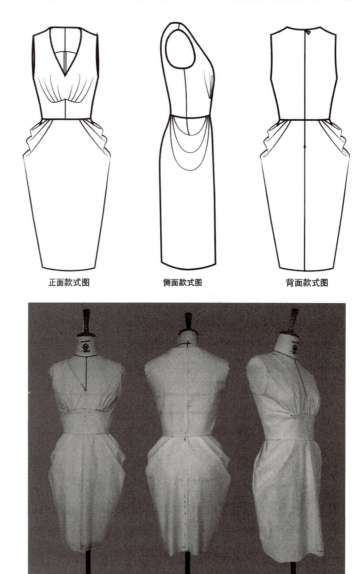

图 8-32　悬垂褶礼服裙款式图及成衣图

2. 规格设计

成衣尺寸规格如表 8-5 所示。

表 8-5　成衣尺寸规格表

号型	部位名称	衣长 L/cm	胸围 B/cm	腰围 W/cm	臀围 H/cm	肩宽 S/cm
160/84A	净体尺寸	38（背长）	84	66	90	39
160/84A	成品尺寸	97.5	92	74	98	33

3. 结构制图

以 160/84A 的中间号型进行图 8-33 所示的结构制图,以及图 8-34、图 8-35 所示的结构转化。

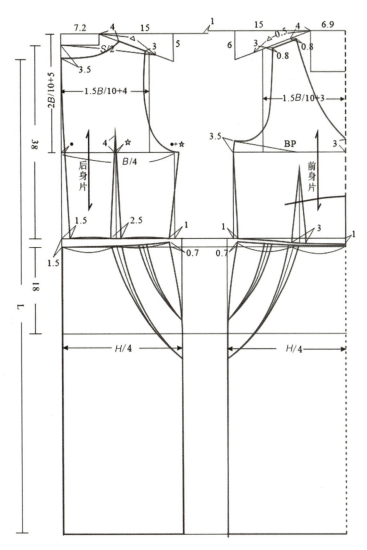

图 8-33　悬垂褶礼服裙结构制图

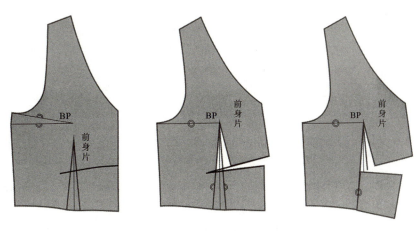

图 8-34　悬垂褶礼服裙上部衣身结构转化

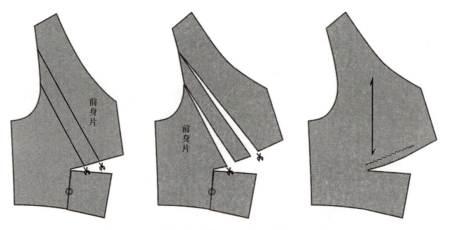

图 8-34 悬垂褶礼服裙上部衣身结构转化（续）

图 8-35 悬垂褶礼服裙下裙结构转化
（a）悬垂褶礼服裙下裙结构转化 1；（b）悬垂褶礼服裙下裙结构转化 2

任务评价

在鱼尾礼服裙的制版任务结束后进行评价,任务评价结果请填写在表 8-6 中。

表 8-6 鱼尾礼服裙的制版任务评价表

班级						姓名	
工作任务						学号	
项目	内容		技术要求	配分	评分标准	学生自评(40%)	教师评分(60%)
结构制图	上衣	1	部件齐全(腰省、开衩、鱼尾裙片)	10	缺一扣 3 分		
		2	衣身结构比例是否准确	10	根据偏差适当扣分		
		3	腰省位置及造型是否准确	5	不规范适当扣分		
		4	衣与裙分割结构是否合理	5	不规范适当扣分		
		5	省道转移是否合理	5	根据偏差适当扣分		
		6	褶皱造型设计是否合理	5	根据美观度适当扣分		
	衣裙	7	鱼尾裙造型是否准确	10	不规范适当扣分		
		8	鱼尾裙分割结构是否合理	5	不规范适当扣分		
		9	上衣与下裙分割比例是否美观	5	根据美观度适当扣分		
毛样板	部件	10	部件齐全(衣身、鱼尾裙等)	10	缺一扣 2～3 分		
	缝份	11	各部位毛板放缝尺寸是否合理(衣身、鱼尾裙等)	10	一处错误扣 1 分		
	信息	12	裁片信息标注完整(裁片纱向、名称、片数、规格等);对位点、褶位、省位等标记是否清晰	10	缺一扣 2 分,不规范适当扣分		
工具使用		13	服装 CAD 软件应用的准确度、熟练度或绘图工具使用的准确度、熟练度	5	不规范适当扣分		
工作态度		14	行为规范、态度端正	5	不规范适当扣分		
综合得分							

巩固训练

1. 对于合体度高的服装,如无袖紧身连衣裙,前后身宽该如何分配?
2. 收集各种礼服工艺图片,分析其工艺名称及制作工艺步骤。

项目九
张弛有度　插肩式休闲装制版案例应用

项目描述

插肩式服装常用于夹克、风衣、卫衣等休闲类服装中,以其独特的"角度"制图法,塑造出各种张弛有"度"的插肩袖款式。本项目对接服装制版师职业技能鉴定三级标准,以风衣、夹克、卫衣等为载体,结合真实的企业订单,以合体型插肩式风衣和宽松型插肩式校服两个制版任务为例,解析插肩袖服装的结构原理,并完成制图与样板制作。融入20世纪80年代"一剪子插肩式饭衣"的裁剪及内涵分析、校服历史、国家标准《中小学生校服》(GB/T 31888—2015)、"多功能双面校服"企业专利产品技术分析等内容,增强学生的质量标准意识、传承创新意识。

学习目标

知识目标:

1. 了解校服历史及每个时代尤其是现代校服的特色;
2. 掌握插肩式服装(风衣、夹克)的制图及毛样板的制作方法;
3. 了解国家标准《中小学生校服》(GB/T 31888—2015);
4. 了解企业订单、工艺单的内容构成。

能力目标:

1. 能够根据身体活动机能需要,合理配置插肩式服装(风衣、夹克)的角度,并能进行版型设计与修正;

2. 能够解读企业订单、企业工艺单，并能够根据企业工艺单进行样板设计；
3. 能够用 CAD 软件完成插肩式服装的结构制图与毛样板的制作。

素养目标：

1. 通过国家标准《中小学生校服》(GB/T 31888—2015)的解读，培养质量意识、标准意识；
2. 通过"一剪子插肩式饭衣"故事导读，培养节俭意识、职业认同与民族担当意识；
3. 用服装 CAD 软件完成企业真实订单的样板制作，培养数字应用能力、解决实际问题的能力。

晓理近思

1. 你了解 20 世纪 80 年代家喻户晓的"一剪子插肩式饭衣"吗？你知道它是怎样一剪子裁出的吗？请扫描二维码阅读材料"从'一剪子插肩式饭衣'谈中国劳动人民的节俭智慧"，说说从中你感悟到的精神。

文本：从"一剪子插肩式饭衣"谈中国劳动人民的节俭智慧

2. 校服是传承中华优秀传统文化的重要载体，你了解中国校服的发展历史吗？请扫描二维码观看视频"校服的历史、传承与发展"，说说你最喜欢哪个年代的校服。

视频：校服的历史、传承与发展

3. 校服的"职业性"决定了校服必须兼具实用与美育的双重价值，而校服的质量关系到学生的身心健康，你了解校服国家标准吗？2015 年 6 月 30 日，中华人民共和国国家市场监督管理总局、中国国家标准化管理委员会批准发布了国家标准《中小学生校服》(GB/T 31888—2015)，这是中国第一个专门针对中小学生校服的国家标准。该标准从解决当前校服突出的质量安全问题、利于青少年健康成长的角度出发，打破了机织服装、针织服装产业界限，规范了校服的基本安全和质量。请扫描二维码阅读该标准，说说你的感悟。

文本：国家标准《中小学生校服》(GB/T 31888—2015)

任务一　合体型插肩式风衣的结构制版

任务导入

插肩式造型是服装中一种较为特殊的装袖形式，形态百变，造型丰富，在风衣、夹克等服装中非常多见，被誉为"百变插肩袖"。本任务以合体型插肩袖短风衣为例，学习插肩袖的结构原理及袖与衣身之间的结构关系，并能够根据身体活动机能需要，合理配置多种变化角度的插肩袖型，感受其"百变"魅力，达到举一反三，能够熟练将其应用于各种服装中的目的。

观察图9-1所示的两种插肩袖服装，说一说两款服装各是什么风格。思考服装的风格与服装的形态、插肩袖的形态有什么关系。

图9-1　两种不同形态的插肩袖型

知识储备

一、风衣的起源与分类

在第一次世界大战期间，英法士兵日常穿着以防冻、防风、防雨为目的的"战壕风衣"。战壕风衣通常包含：在恶劣气候下能将领口锁住的领钩和扣环；可以固定军械的肩章；保护肩部的挡风片；军装扣环及固定腰带位置的D形环；收紧袖口的腕带。随着功能性的减弱，此后的风衣外形开始偏离它的传统配置。传统风衣的特征如图9-2所示。

图9-2　传统风衣的特征

现代的风衣造型主要有两大类：第一种是有肩章的双排扣传统造型风衣，保留战壕服的原型，是风衣的基本型，传统经典，帅气有型；第二种是不强调笔挺廓形的休闲风衣，保留"风雨衣"的洒脱随意，休闲时尚（见图9-3）。

图9-3　两种类型的风衣

二、风衣的结构设计要点

（1）风衣适于春、秋、冬三季穿着，根据着装内衣的厚度，传统风衣的胸围放松量通常设计在12～16 cm。

（2）风衣多为中长款的双排扣款式，因此要考虑臀围的活动松量问题，长款的风衣还要考虑腿部活动松量的需要，因此，制版时下摆的扩展量要大一些。

（3）风衣中的领型多见立领加翻领的风雨衣领，这种领型较西装中的翻驳领更休闲，配合中长款的风衣衣身造型。因此，驳头、翻领的宽度设计通常更大。

（4）上述提到的不强调笔挺廓形的休闲风衣，因其款式造型更加多变，因此在做版型设计时，并没有一个固定的规律，更需要制版师能够根据流行趋势，合理进行松量设计及把握服装整体的廓形与风格。

三、45°基本型插肩袖结构

45°插肩袖袖型是最常用的一种插肩袖角度，在日常的外套、大衣中最为常见，应用广泛（见图9-4）。

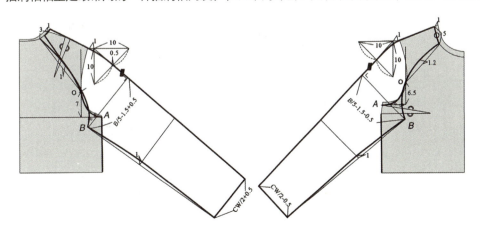

图9-4　45°插肩袖的制图

四、插肩袖的款式变化及结构设计

通过对45°插肩袖的制图分析,可以了解到,如图9-4所示,点 O、点 A、点 B 构成的区域属于衣身、袖身共有的部分,属于两者的"公共区域"。因此,除这一公共区域外的其他部分,理论上是可以任意设计分割线的,可以由此产生半插肩袖、借肩袖、过肩袖、覆肩袖、插片袖等多种袖型款式(见图9-5、图9-6)。

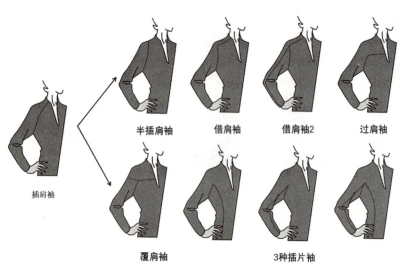

微课:百变袖型
插肩袖的结构原理

PPT:百变袖型
插肩袖的结构原理

图 9-5 插肩袖的"百变"款式

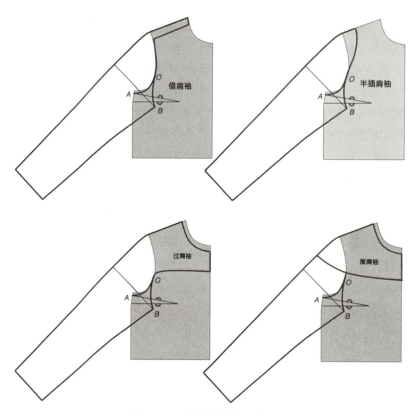

图 9-6 各种插肩袖的结构变化

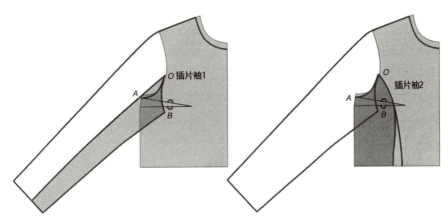

图 9-6 各种插肩袖的结构变化（续）

任务实施

一、合体型插肩袖风衣的结构制版

1. 款式特点

合体型插肩袖短风衣，前片为普通插肩袖型，后片为育克分割过肩袖型，衣身刀背缝分割，斜插袋，后中断开缝，领部为立领加翻领组合的风雨衣领型，双排8粒扣，2粒为装饰性扣。其款式如图9-7所示。

微课：育克插肩短风衣案例——后片及过肩袖的结构制版 ｜ 微课：育克插肩短风衣案例——前片的结构制版 ｜ 微课：育克插肩短风衣案例——拿破仑领的结构制版

PPT：合体型育克插肩短风衣案例——后片及过肩袖的结构制版 ｜ PPT：合体型育克插肩短风衣案例——前片及插肩袖的结构制版 ｜ PPT：合体型育克插肩短风衣案例——拿破仑领的结构制版

图 9-7 合体型插肩袖风衣的款式图

2. 规格设计

成衣尺寸规格如表 9-1 所示。

表 9-1 成衣尺寸规格表　　　　　　　　　　　　　　cm

部位	155/80A	160/84A	165/88A	档差
衣长 L	71	73.5	75	2
胸围 B	92	96	100	4

续表

部位	155/80A	160/84A	165/88A	档差
领围 N	37	38	39	1
肩宽 S	39	40	41	1
袖长 SL	56	57.5	59	1.5

3. 结构制图

以 160/84A 的中间号型进行图 9-8 所示的结构制图。

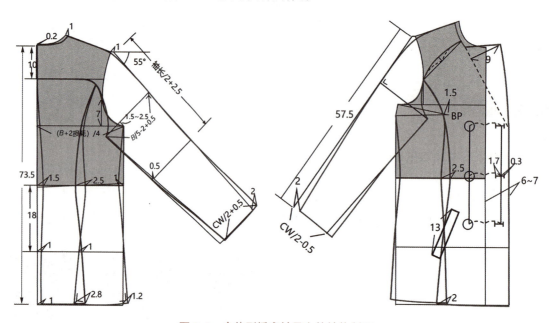

图 9-8　合体型插肩袖风衣的结构制图

二、结构解析

1. 腰部以上基础线的绘制

本款式设计样板损耗量为 2 cm，胸围的尺寸分配为 $B+2/4$，前肩线长小于后肩线长 0.5 cm，如图 9-9 所示。

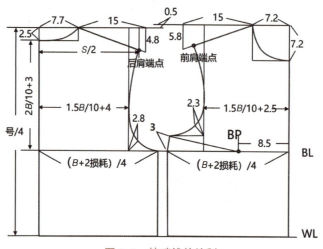

图 9-9　基础线的绘制

2. 合体型插肩袖的设计方法

合体型插肩袖的结构设计如图 9-10 所示。

（1）角度的确定：合体型插肩袖最佳角度取值在 55°～58°；

（2）袖肥的确定：参考公式 $B/5-2$，后片 +0.5，前片 -0.5；

（3）插肩位置拐点 A、D 的确定：有效袖窿的 1/3 处，上、下、左、右 1～2 cm 的范围内移动；

（4）后片中，$AC=AB$，且曲度一致；前片中，$DE=DF$，且曲度一致。

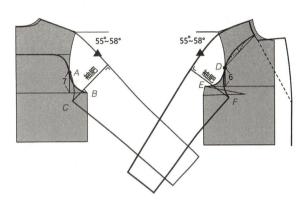

图 9-10　合体型插肩袖的结构设计

3. 风雨衣领的结构设计

风雨衣领又称拿破仑领，是经典的传统领型。

首先在衣身领口的位置设计风衣领的造型，一般上面的翻领尖端与下面驳头的角，立体状态下在一条垂线附近比较美观，满足这个要求的条件是翻领前端宽 + 领座前端宽 −（1～1.5）= 驳头领宽。翻领前端宽用☆表示，领座前端宽用○表示，即根据这个公式，设计领座前端宽为 2.8 cm，通过测量，现在驳头领宽是 9.8 cm，也就是翻领前端宽 +2.8-1.5=9.8，计算得出翻领前端宽为 8.5 cm，也就是说，这个宽度与驳头的宽度 9.8 cm 比较协调（见图 9-11）。

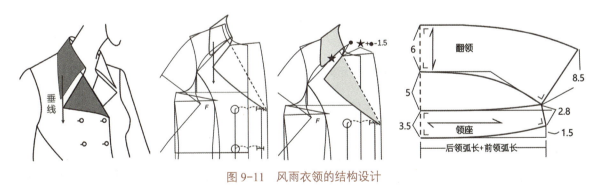

图 9-11　风雨衣领的结构设计

技能拓展

一、半插肩袖的结构设计

半插肩袖是指袖山有一定碎褶的泡泡型半插肩袖型。在半插肩袖制图的基础上，将袖中线调整成直线，后袖与前袖的调整方法相同。然后将前袖和后袖中线拼合，形成一片袖造型，袖山处的增加尺寸即碎褶造型的所需量。还可以根据款式造型需要，继续按照一片袖的袖山展开方法，得到更大的泡泡袖造型（见图 9-12）。

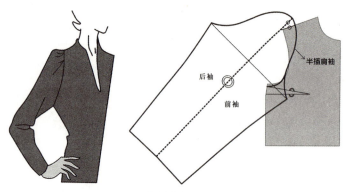

图 9-12 半插肩袖的结构设计

二、肩章袖的结构设计

肩章袖属于插肩袖中的一种造型形式,因形似肩章而得名。袖中缝处也可以做成拼条形式,制版时将前片拼条与后片的拼条拼合形成一条长直条形式(见图 9-13)。

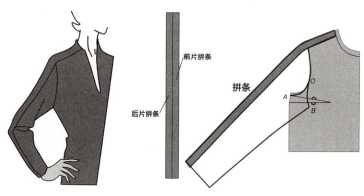

图 9-13 肩章袖的结构设计

任务评价

在合体型插肩式风衣的结构制版任务结束后进行评价,任务评价结果请填写在表 9-2 中。

表 9-2 合体型插肩式风衣的结构制版任务评价表

班级						姓名	
工作任务						学号	
项目	内容		技术要求	配分	评分标准	学生自评(40%)	教师评分(60%)
结构制图	衣身	1	部件齐全(前后片、腋下片、过肩、搭门、扣位等)	10	缺一扣 2 分		
		2	衣身结构比例是否准确	10	根据偏差适当扣分		
		3	衣身造型及廓形是否准确	10	不规范适当扣分		
		4	过肩结构是否合理	5	不规范适当扣分		
	衣领	5	领座与翻领宽度设计是否合理	5	根据偏差适当扣分		
		6	翻领造型是否美观、合理	10	根据美观度适当扣分		
	衣袖	7	部件齐全	5	缺一扣 2.5 分		
		8	插肩结构准确	5	不规范适当扣分		
		9	袖山弧线是否顺滑、流畅	5	不规范适当扣分		

项目	内容		技术要求	配分	评分标准	学生自评（40%）	教师评分（60%）
毛样板	部件	10	部件齐全（衣身、衣袖、立翻领、口袋等）	10	缺一扣2~3分		
	缝份	11	各部位毛板放缝尺寸是否合理（衣身、衣袖、袖头、领座、翻领、口袋等）	5	一处错误扣1分		
	信息	12	裁片信息标注完整（裁片纱向、名称、片数、规格等）；对位点、褶位、省位等标记是否清晰	10	缺一扣2分，不规范适当扣分		
工具使用		13	服装CAD软件应用的准确度、熟练度或绘图工具使用的准确度、熟练度	5	不规范适当扣分		
工作态度		14	行为规范、态度端正	5	不规范适当扣分		
综合得分							

前沿技术

职业工装的结构优化——多功能口袋设计

工装与其他职业装相比最大的特点是其功能性。工装需要满足最基本的保护、安全、卫生等功能性需求，从优化结构与工艺角度展开分析，改良"口袋部件"结构设计方案与细节工艺处理，以提高其功能附加值。

一、腰侧"反袋口"防盗斜插袋

普通夹克腰侧采用挖袋设计，袋口为1.5~2.0 cm宽的单嵌线或直接采用拉链封口。工装夹克穿着环境可能为潮湿、高温或带有电磁的场所，应尽量避免在服装中使用易生锈、易导电、易导热、易导磁的金属等材料，故金属拉链不宜用于工装夹克中；塑料拉链易风化，使用寿命较短，也不适用于挖袋封口设计。另外，工装口袋的实用性较强，工作中使用频次较高，若使用拉链封口，反复穿插袋口后拉链易损坏，故此处适合使用单嵌线袋口设计。

考虑到工人作业过程身体动作幅度较大，需要在腰两侧进行"反袋口"防盗斜插袋设计，简称"反插袋"，即在袋口两侧均设置单嵌线，使内层嵌线开口朝向侧缝，外层嵌线开口朝向前中。此"反向袋口"设计能够确保工作人员在进行弯腰、蹲起动作时袋内物品不易滑出，而且在户外作业时可防止物品被偷盗，增加了插袋的安全性能。腰侧"反插袋"示意如图9-14所示。因反插袋外侧袋口受力较大，一般在外侧袋口两端使用0.6 cm加固套结，以防止频繁插袋导致袋口开裂。袋口内层嵌线需略窄于外层嵌线，一般外层嵌线宽取2 cm，内层嵌线宽取1.5 cm，此设计既能满足反插袋具有防盗、防滑落功能，又能便于穿着者取放物品，延长袋口的使用期限。

二、胸部"立体双层"贴袋

普通夹克的口袋一般只具有装饰性，而工装夹克口袋则以功能性为主。胸部贴袋一般为魔术贴封口的立体袋，立体贴袋能够增加贴袋容量，提高其实用性；魔术贴封口使贴袋呈半封闭状态，在保证取放物品的操作便捷性，同时，也保证了贴袋的安全性；袋盖上采用不透面暗魔术贴，即魔术贴仅与袋盖内层面料缝合，正面不可见固定线迹，以此来保证袋盖外露一侧的美观性。

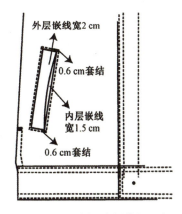

图9-14 腰侧"反插袋"示意

由于立体贴袋容量大,因此盛放物品较多,不便于在其中寻找较小的物品,如螺钉、螺母、小钉子、别针等;然后,整体贴袋不具备分类存放或隔离存放的功能,无法实现单独存放比较重要的物品或较小的物品。鉴于此,将胸部贴袋设计为大小双层形式,在普通大袋内层设置一小贴袋,用于存放较小的或较贵重的等需特殊存放的物品,实现袋内物品分门别类、易于寻找。立体袋内部示意如图9-15(a)所示。一般大袋厚度为2.5 cm,袋口长度为13 cm,袋口卷边宽度为1.5 cm;内部小袋厚度为1.2 cm,袋口长度为8 cm,袋口卷边宽度为1.2 cm。

在左胸贴袋袋盖与衣身缝合处靠近前中的一侧,常设计1个2 cm左右的开口,此开口为插笔孔,方便工人存放铅笔、碳素笔等。插笔孔示意如图9-15(b)所示。另贴袋一般采用横向、纵向、斜向拼接,可同色面料,也可异色面料拼接。贴袋平面示意如图9-15(b)所示。其中可见袋布中同时使用了横、纵向分割设计与异色面料拼接设计两种设计方法,拼接处的缝口不易拉伸,因此该设计可保证袋布的尺寸稳定性,能够使贴袋长时间使用后依然平整,同时可增加贴袋的美观性。

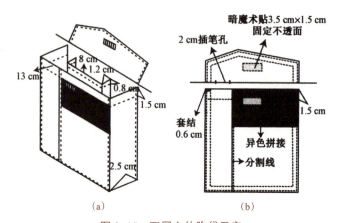

图9-15 双层立体胸袋示意
(a)内部示意;(b)平面示意

小贴士

对时尚有着敏锐的眼光和洞察力,是一个优秀的服装制版师应该具备的职业素质。在平时的学习和生活中,要善于通过各种渠道有意识地培养自己对时尚的敏感度、对时尚版型的敏感度,让自己成为一名能够根据品牌定位、流行趋势把握版型的制版师。

巩固训练

1. 请列举两种不同款式的插肩袖,并绘制其制图。

2. 设计一款风雨衣领,画出款式图,并据此绘制其结构图(领口围 $N=40$,领座宽度为3 cm,翻领宽度为5.5 cm)。

要求:(1)款式清晰,规格尺寸合理;
(2)线条规范,标明丝缕符号;
(3)在结构制图上标出主要部位的公式;
(4)按照1∶5的比例手绘或用服装CAD软件进行制图,各部位比例准确,分割合理。

任务二　宽松型插肩袖校服的结构制版

任务导入

校服是传承中华优秀传统文化的重要载体，是推进校园文化建设的重要举措，是培养学生团队意识、传播平等精神的有效途径。本任务是来源于校企合作单位提供的校服工艺单。请扫描二维码阅读企业校服工艺单（见图9-16）。

图9-16　企业校服工艺单

图9-17中分别是20世纪90年代的校服和现代校服的款式对比，请从款式和版型两个方面说一说两款校服的差别。

图9-17　20世纪90年代的校服和现代校服的款式对比

> 知识储备

一、现代校服的种类

基于功能性需要，现代校服的种类主要有运动校服、制式校服、军训服（见图 9-18）。

图 9-18　运动校服与制式校服

基于穿着季节需要，可分为冬装校服、夏装校服、春秋校服（见图 9-19）。

图 9-19　以季节划分的校服款式

另外，随着智能数字技术的发展，将大数据、纳米等高科技应用到校服中，可以智能、自动、准确地反应学生的信息并及时报告、调整或预警，即智能调控数字校服。例如，具有自动调温功能的冬季轻薄型校服（见图 9-20），具有 GPS 定位功能的防走丢安全校服（见图 9-21），具有自动预警并矫正坐姿功能的校服等。

图 9-20　具有自动调温功能的冬季轻薄型校服　　图 9-21　具有 GPS 定位功能的防走失安全校服

二、角度变化形成不同形态的各种插肩袖型

角度变化形成不同形态的各种插肩袖型如图 9-22 所示。

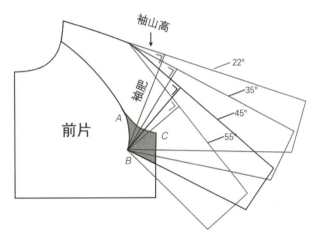

图 9-22　不同角度的插肩袖型

（1）0℃～25℃，适合宽松服装、连身袖、运动装等（见图 9-23）；
（2）25℃～35℃，适合半宽松服装，有一定活动需要的工装等（见图 9-23）；

图 9-23　宽松与半宽松服装的袖型

（3）35℃～45℃，适合较合体服装、一般的衬衫、外套等（见图9-24）；
（4）45℃～55℃，适合合体外套、短袖衬衫、活动量较小的服装（见图9-24）。

图9-24　较合体与合体服装的袖型

三、不同体型与基础省、前后片上平线的关系

不同体型与基础省、前后片上平线的关系如图9-25所示。

（1）标准A体：前后片上平线差量是1 cm，对应的基础省的大小约为3.5 cm；
（2）平胸Y体：胸凸量小，前后片上平线在一条水平线上，差量为0，对应的基础省为2.5 cm；
（3）胖体C体：前后片的上平线差量是2 cm，对应的基础省的大小约是4.5 cm。

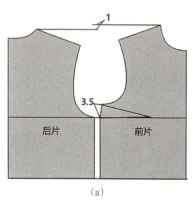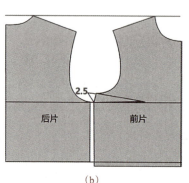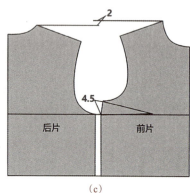

图9-25　不同体型与基础省、前后片上平线的关系
（a）标准A体体型；（b）平胸Y体型；（c）胖体C体型

四、宽松无省服装的原型调整

对于宽松无省服装的制版，可以将前片上平线在后片上平线的基础上下落1～1.5 cm，对应的基础省量缩小为1.5～1 cm，然后将这个基础省挖掉，保持后片袖窿长大于前片袖窿长的结构关系。为解决前片胸凸量不足会引起前中起吊的问题，可以通过追加前中长度，增大侧缝起翘量来解决（见图9-26）。

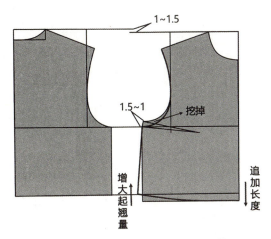

图 9-26　宽松无省服装的原型调整

任务实施

一、宽松型插肩袖校服的结构制版

1. 款式特点

高密度针织面料，插肩袖结构，下摆及袖口罗纹装饰，棒球领，斜插袋，前中装拉链。款式如图 9-27 所示。

图 9-27　宽松型插肩袖校服的款式图

微课：插肩袖校服订单案例——后片的结构制版

微课：插肩袖校服订单案例——前片、领、零部件的结构制版

2. 规格设计

成衣尺寸规格如表 9-3 所示。

表 9-3　成衣尺寸规格表　　　　　　　　　cm

名称	秋季针织运动服尺码表											
	130#	140#	145#	150#	155#	160#	165#	170#	175#	180#	185#	190#
1/2 胸围	44	47	48.5	50	52	54	56	58	60	62	64	66
衣长	55	59	61	63	65	67	69	71	73	75	77	79

秋季针织运动服尺码表												
名称	130#	140#	145#	150#	155#	160#	165#	170#	175#	180#	185#	190#
袖长（含罗纹）	47	50	51.5	53	55	57	59	61	63	65	67	69
肩宽	33.5	36	37	38.5	40	41.5	43	44.5	46	48	49.5	51
袖口 1/2（罗纹上端）	11.5	12.5	12.5	13	13	13.5	13.5	14.5	14.5	15	15	16
罗纹下摆 1/2	32	34.5	35.5	36.5	38.5	40	41.5	43	45	46.5	48	50
罗纹袖口 1/2	8	8.5	8.5	9	9	9.5	9.5	10	10	10.5	10.5	11
领宽	16	16.5	16.5	17	17.5	18	18.5	19	19.5	20	20.5	21
领深	6	6.5	6.5	7	7	9	8	8.5	9	9.5	10	10.5
1/2 臀围	45	48	49.5	50	52	54	56	58	60	62	64	66
长裤	79	85	88	91	94	97	100	103	106	109	111	113
腰围（一圈）	50	52	53	56	59	62	65	68	71	74	76	78
前浪	26	27	27.5	28	29	30	31	32	33	34	35	36
后浪	33	34	34.5	35	36	37	38	39	40	41	42	43
长裤脚口（一圈）	31	33	34	35	36	37	38	39	40	41	42	43
袋口长度	13	13	14	14	14	14	15	15	15	15	16	16
腰绳长度（厘米）	100	110	110	110	120	120	120	130	130	130	140	140
上下衣尺码标	130/65	140/70	145/70	150/75	155/75	160/80	165/85	170/90	175/95	180/100	185/105	190/110

3. 结构制图

以 160/84A 的中间号型进行图 9-28 所示的结构制图。

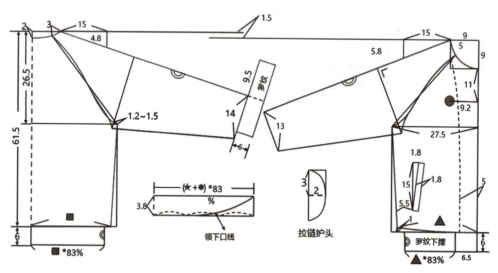

图 9-28　宽松型插肩袖校服的结构制图

二、结构解析

1. 一片式插肩袖的设计方法

在宽松服装中，袖长线是顺着肩线的方向延长绘制的，因此，如图 9-29 所示，前后袖可以拼合成一片式裁剪。而趋向合体的插肩袖是无法实现一片式裁剪的，尤其是梭织服装，如图 9-29 所示，只能通过缝合上部肩线，袖子下部拼合，才能实现前后袖的连裁效果，但这时也只是袖子部分连裁，而不能实现整片袖子的无缝连裁。

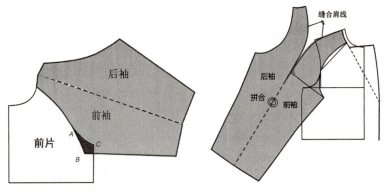

PPT：插肩袖校服订单案例——后片的结构制版

PPT：插肩袖校服订单案例——前片、领、零部件的结构制版

图 9-29　一片式插肩袖校服的结构设计

2. 横机罗纹领的结构设计

从校服工艺单中提供的横机罗纹领能够看到，这是双层罗纹结构，也就是在应用时要对折，将有条纹的一侧露在服装外面。这是秋冬校服中常用的一种。春夏校服为了便于散热，常用单层横机罗纹结构。罗纹有弹性，通常裁剪长度是根据原长度的83%～85%计算（见图9-30）。

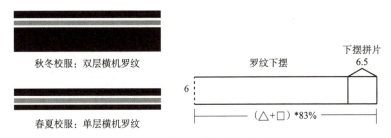

图 9-30　横机罗纹领的结构设计

3. 校服功能性的制版要求

现代校服已经脱离"面口袋"的夸张拖沓造型，但是由于校服一般都是男女同款，且价格普遍比较低廉，因此，对于目前市场上的校服来讲，版型上仍然是男女同一版型的居多。为了保证不同体型的男生和女生都能够穿着，在制定服装规格时，会兼顾不同的体型需要，从而在尺寸设计上比较宽松，一些小部件制定时，也要考虑到不同性别的适应性。例如，在本款案例中口袋的尺寸，取口袋长15 cm左右，就是为了兼顾男女手掌的宽度，取值稍大。

4. 口袋布的制作

每个口袋布由大口袋布和小口袋布两片组成（见图9-31）。

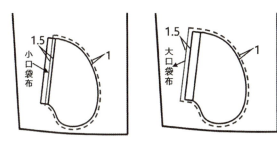

图 9-31　斜插口袋布的设计

5. 校服的毛样板的制作

校服的毛样板如图 9-32 所示。

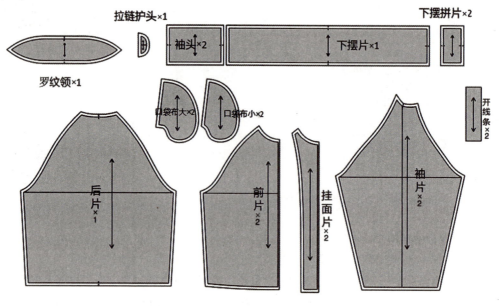

图 9-32　校服的毛样板

技能拓展

一、落肩式休闲卫衣的制图

落肩式休闲卫衣的制图，通过改变插肩分割线的位置，可以延伸形成如图 9-33 所示的落肩式休闲款式，最常应用于卫衣设计中。

成衣尺寸规格如表 9-4 所示。落肩式休闲卫衣的结构制图如图 9-34 所示。

图 9-33　落肩式休闲卫衣款式图

表 9-4　成衣尺寸规格表　　　　　　　　　　　　　cm

部位	155/80A	160/84A	165/88A	档差
衣长 L	51	53	55	2
胸围 B	104	108	112	4
肩宽 S	43	44	45	1
袖长 SL	49	50.5	52	1.5
1/2 底摆围	44	45	46	1
袖口围	23.7	24.5	25.3	0.8
袖口宽	4	4	4	0

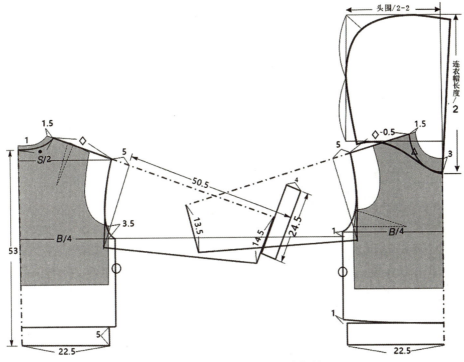

图 9-34 落肩式休闲卫衣的结构制图

二、服装 CAD 数字制版实践

用服装 CAD 软件完成宽松型插肩袖校服的制版、毛样板的制作,并能够对样板进行复核检查、文字标识、剪口标注等。

微课:插肩袖校服 CAD 实操——前后片衣身的制版

微课:插肩袖校服 CAD 实操——小部件的制版

微课:插肩袖校服 CAD 实操——毛样板制作

任务评价

在宽松型插肩袖校服的结构制版任务结束后进行评价,任务评价结果请填写在表 9-5 中。

表 9-5 宽松型插肩袖校服的结构制版任务评价表

班级						姓名	
工作任务						学号	
项目	内容		技术要求	配分	评分标准	学生自评（40%）	教师评分（60%）
结构制图	衣身	1	部件齐全（前片、后片、横机领、插肩袖、挂面、底摆、护头）	10	缺一扣 2 分		

续表

项目	内容		技术要求	配分	评分标准	学生自评（40%）	教师评分（60%）
结构制图	衣身	2	衣身结构比例是否准确	10	根据偏差适当扣分		
		3	衣身造型及廓形是否准确	5	不规范适当扣分		
		4	插肩结构是否合理	5	不规范适当扣分		
	衣领	5	横机宽度设计是否合理	5	根据偏差适当扣分		
		6	横机领造型是否美观、合理	5	根据美观度适当扣分		
	衣袖	7	部件齐全（衣袖、袖克夫）	5	缺一扣 2.5 分		
		8	插肩袖结构准确	5	不规范适当扣分		
		9	袖山吃势量是否合理	5	不规范适当扣分		
		10	袖山弧线是否顺滑、流畅	10	不规范适当扣分		
毛样板	部件	11	部件齐全（衣身、衣领、衣袖、袋布、包条等）	10	缺一扣 2~3 分		
	缝份	12	各部位毛板放缝尺寸是否合理（衣身、衣袖、袖头、领座、翻领、口袋等）	5	一处错误扣 1 分		
	信息	13	裁片信息标注完整（裁片纱向、名称、片数、规格等）；对位点、褶位、省位等标记是否清晰	10	缺一扣 2 分，不规范适当扣分		
工具使用		14	服装 CAD 软件应用的准确度、熟练度或绘图工具使用的准确度、熟练度	5	不规范适当扣分		
工作态度		15	行为规范、态度端正	5	不规范适当扣分		
综合得分							

前沿技术

多功能两面穿校服的结构设计与工艺优化

基于低碳环保、崇尚节约的设计理念，着眼于校服利用率的提升，将穿着时间最短的军训服装与日常穿着的春秋校服两者融合设计，实现一套校服能够满足不同场合、两种功能的穿着需求。基于春秋季节天气温度适宜，学生室外运动量大，单层面料更利于散热，因此，本文开发的"双面穿着"校服指的是单层面料实现的两面效果，即"单层双面穿着"，而非传统意义上的双层面料实现的两面效果（见图 9-35）。

微课：多功能双面校服设计与工艺解析

图 9-35　两面穿军训服/校服的 A、B 面款式图与效果图展示

一、面料选择

基于活动的需要,传统面料校服版型宽松肥大,欠缺美观性,与青少年朝气蓬勃的精神气质不相符。近些年,随着面料的改革进步,高密度针织面料越来越多地应用于校服的设计,其既具备梭织面料的挺括性和稳定性,又具有针织面料良好的伸缩性与回弹性,优良的面料特性为款式设计和版型改良提供了基础与空间,这种"多功能两面穿校服"首选高密度针织面料。

二、款式设计

选用深受学生喜爱的经典棒球服样式作为款式设计基础,日常校服的一面,在领部、底摆、袖口三处采用相同的撞色针织螺纹,袖身上设计两条异色条纹与之呼应,跳跃的色彩搭配,具有标识性的补丁贴,增加了服装的运动感和时尚性;军训服穿着的另一面,在领部、底摆、袖口三处采用墨绿色针织螺纹,与衣身上迷彩图案的色彩呼应,颜色含蓄低调,符合军训服的色彩设计要求。日常穿着的一面,采用斜插袋设计,兼具实用性与装饰性。军训穿着的另一面,无口袋设计,既能够减少此处的面料堆积,降低面料的厚度,同时,也符合军训服装轻便的要求。

三、版型改良

活动性及舒适性是校服的基本功能需求。传统校服的主要面料构成是无弹力的梭织面料,受面料特性的限制,只能在服装样板设计过程中加放较大的松量来满足活动的需要。随着针织面料校服的发展,校服样板的松量设计大大减少,从传统校服与现代校服版型比较来看,胸围放松量从 30 cm 以上降至 20 cm 左右,廓型上从一字宽大造型演变为窄长休闲造型。版型的改良与款式设计相得益彰,两者相互促进,共同提升了校服的精气神和美观度。

四、工艺设计

由于"单层双面穿着"校服的基本特征是内层没有里布,双面均可作为外层穿着,因此,解决双面缝份不外露问题是其工艺重点之一。

作为军训服穿着一面的"四色迷彩"服,有较好的隐蔽效果,便于隐藏缝线,门襟拉链止口部位,就是直接利用挂面的遮挡作用,一方面隐藏了缝头;另一方面弥补了针织面料挺括性欠佳的问题,增加了前中部位的稳定性。

另外,应用平车埋夹工艺应用于肩缝、袖窿缝、衣身侧缝、袖缝等部分的缝合;应用同色系的弹力织带压条工艺、人字带封口工艺,能够很好地遮挡、隐藏缝份,又有较好地装饰效果,增加服装的活泼感,与军训服装的运动风格相得益彰(见图 9-36)。

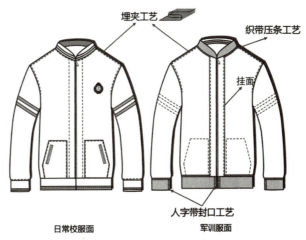

图 9-36 两面穿军训服/校服的双面款式图

小贴士

"多功能两面穿校服"是现代化校服的典型案例,是在保留校服基本特征和满足基本功能需求的前提下,基于双面双色创新面料的研发应用,在适度合理的生产成本范围内,对双面校服的缝制工艺进行重点改革；基于绿色环保、可持续发展理念，有效解决军训服装因利用率低造成浪费的问题，实现降低生产成本，提高校服实用价值的目的。其能够为相关服装生产企业在校服研发方面提供一定的思路及技术依据。

巩固训练

1. 请收集关于行业新技术、专利技术资料，说一说你所了解的服装行业新技术、新产品。

2. 设计一款分割造型的校服，画出款式图并设计规格表，并据此绘制其结构制图。

要求：（1）款式清晰，规格尺寸合理；

（2）线条规范，标明丝缕符号；

（3）在结构制图上标出主要部位的公式；

（4）按照1∶5的比例手绘或用服装CAD软件进行制图，各部位比例准确，分割合理。

参考文献

[1] 陈雨茜. 基于三维扫描技术的服装领域人体数据获取方法研究[D]. 长沙：湖南大学，2020.

[2] 李祖华. 服装设计用三维人体扫描系统[J]. 纺织学报，2014，35（01）：144-150.

[3] 吕冰如. 基于服装定制的三维扫描人体尺寸自动测量技术的研究[D]. 杭州：浙江大学，2011.

[4] 刘咏梅，刘博飞，张文斌，等. 基于体型变化的东华原型修正[J]. 纺织学报，2009，30（11）：110-114.

[5] 祖倚丹，申凯旋，王瑾. 中国古代服装节约工艺研究[J]. 丝绸，2015，52（11）：42-46.

[6] 左洪芬，杨雅莉，王吉祥，等. 功能性工装的结构设计与工艺优化[J]. 毛纺科技，2021，49（07）：52-57.

[7] 左洪芬，王吉祥，李金侠，等. 无里布女西装制作工艺技术处理[J]. 毛纺科技，2019，47（07）：62-66.

[8] 管伟丽. 一种两片式翻驳领的分领方法[P]. 山东：CN202010860849，2022-09-23.

[9] 左洪芬，王吉祥，郭强，等. 春夏季合体无里女西装结构设计优化[J]. 毛纺科技，2020，48（03）：56-60.

[10] 陈明艳. 女装结构设计与纸样[M]. 4版. 上海：东华大学出版社，2022.